中国建设行业施工 BIM 应用分析报告（2017）

本书编委会　编著

中国建筑工业出版社

图书在版编目（CIP）数据

中国建设行业施工 BIM 应用分析报告（2017）/中国
建设行业施工 BIM 应用分析报告（2017）编委会编著.
—北京：中国建筑工业出版社，2017.11
ISBN 978-7-112-21356-6

Ⅰ.①中…　Ⅱ.①中…　Ⅲ.①计算机应用-建筑施工-
研究报告-中国-2017　Ⅳ.①TU7-39

中国版本图书馆 CIP 数据核字（2017）第 248964 号

责任编辑：付　娇　王　磊
责任校对：王宇枢　李美娜

中国建设行业施工 BIM 应用分析报告（2017）
本书编委会　编著
*
中国建筑工业出版社出版、发行（北京海淀三里河路 9 号）
各地新华书店、建筑书店经销
北京佳捷真科技发展有限公司制版
北京君升印刷有限公司印刷
*
开本：787×1092 毫米　1/16　印张：10¼　字数：251 千字
2017 年 11 月第一版　　2018 年 2 月第三次印刷
定价：**25.00 元**
ISBN 978-7-112-21356-6
（31069）

本书编委会

主任委员：

梁冬梅　李　菲　张　建　赵　静　李　娟　袁正刚

专家委员：

张建平　马智亮　杨富春　朱战备　陈　浩　汪少山
杨晓毅　于晓明　郑　刚　李卫军　宁小社　王　益
严　巍　赵一中　甘嘉恒　刘　刚　曾立民

编写组成员：

毕鹏飞　陈　静　陈鲁遥　房春艳　房建华　高广飞
郭圣杰　侯　酝　黄锰钢　姜跻晟　蒋　艺　焦明明
金泓帆　黎　勇　李　全　李卫军　李晓军　李　瑶
刘　乐　刘明鑫　刘跃广　卢书宝　吕　振　马香明
石　拓　孙璟璐　汤　葳　汪　萍　王浩宇　王　琳
王鹏翊　王　侠　武文斌　谢　伟　邢　洁　严　巍
闫　志　杨泽亮　姚玉荣　应春颖　喻大祥　袁仁涛
曾立民　张　卓　赵　恒　赵小飞　钟传根　左小英

发 起 单 位：

中国土木工程学会总工程师工作委员会

中国建筑业协会工程建设质量管理分会

中国建筑业协会绿色建造与施工分会

中国安装协会 BIM 应用与智慧建造分会

北京城建科技促进会

北京住宅房地产业商会

河南省建筑业协会

武汉建筑业协会

上海建筑信息模型技术应用推广中心

上海市 BIM 技术创新联盟

北京市建筑信息模型（BIM）技术应用联盟

广东省 BIM 技术联盟

湖南省 BIM 技术应用创新战略联盟

陕西 BIM 发展联盟

贵州省 BIM 发展联盟

福建省 BIM 技术应用联盟

内蒙古 BIM 发展联盟

安徽省工程勘察设计协会 BIM 专委会

江西省土木建筑学会 BIM 技术专业委员会

广西建筑信息模型（BIM）技术发展联盟

云南省勘查设计质量协会 BIM 工作委员会

中关村智慧建筑产业绿色发展联盟 BIM 专业委员会

广联达科技股份有限公司

数据分析支持：

甘嘉恒团队

数字 100

媒体支持：

施工技术

土木在线

序 一

建筑业在国民经济中的作用十分突出，2016 年建筑业总产值达到 19.36 万亿元，从业者超过 5185 万，是名副其实的支柱产业。

建筑业的科技发展方向是两条主线正在深入融汇。一条是转型经济引发的科技革命即绿色发展。绿色发展的核心在于低碳。我国的经济总量主要聚集在城市，抓低碳经济就要抓低碳城市，而建筑运行＋建造能耗又占全社会总能耗的近一半，因此，抓低碳城市必须抓好低碳建筑。国家在建筑业转型发展中推广科技进步的导向是绿色建筑、装配式建筑、超低能耗被动式建筑等，以及海绵城市、综合管廊等。另一条是数字经济引发的科技革命即数字科技。数字科技对建筑业的影响在两个方面，一是数字建筑，二是数字建筑业（即项目管理、企业管理、行业管理全面推广数字技术），其发展路径首先是 BIM 技术，在此基础上应用云计算、大数据、物联网、移动互联网、人工智能技术。

本书正本清源，力图对建筑业 BIM 应用情况作深入全面的分析。目前，被认为是继CAD 之后建筑业第二次"科技革命"的 BIM 技术在国内施工阶段的应用已逐步达到世界先进水平，应用价值越发显著。BIM 技术也被认为是提升工程项目精细化管理的核心竞争力。BIM 技术覆盖勘察、设计、施工、运维等过程，主要包括三维设计可视、专业协同、三维分析模拟、工程成本预测、绿色建筑等应用，其中关于冲突检测、绿色建筑、成本与进度管理、安全质量管理、供应链管理、运营维护等关键技术的广泛应用已经开始产生促进建筑业技术升级、降低材料和能耗、提升信息化水平、促进工厂化装配式建筑发展、促进建筑产业全产业链发展的效果。在大力发展装配式建筑的背景下，装配式与 BIM 技术相结合，引发了建筑产业与信息产业的深度融合和快速发展。因此，BIM 技术对当前建筑业尤其是项目管理的发展具有极其重要的作用。

BIM 技术的创新应用需要政府、市场主体和学协会组织的共同推动。政府要做好顶层设计、政策引导、标准制定；市场主体要发挥主观能动性和创造性；行业协会则需要积极发挥纽带桥梁作用，促进政府和市场主体之间的良性互动，同时积极组织相关力量通过课题研究和标准制定来进一步夯实 BIM 应用基础和营造良好应用环境，助力建筑业健康可持续发展。中国建筑业协会绿色建造与施工分会联合广联达科技股份有限公司共同发起了"中国建筑行业施工 BIM 应用调研"活动。依据此次调研，他们联合业内知名专家、施工企业信息化管理人员、BIM 咨询机构等共同编写了《中国建筑行业施工 BIM 应用分析报告》，本报告全面准确地分析研究行业 BIM 技术最新应用状况，清晰阐明施工阶段 BIM 应用的发展趋势。我相信通过本报告，可以让更多人了解 BIM、在工程中实践 BIM，促使行业同仁在 BIM 应用方面开拓思路、积极创新，不断推进 BIM 技术在项目管理中的深度应用和融合。

BIM 技术的推广应用是我国建筑信息化的重要基础部分，同时也是推动建筑产业数字化转型实现数字建筑及数字建筑业的重要支撑。可以肯定，本报告的推出将会引发行业内有识之士的进一步深入思考，促进更多的专业工作者更加主动地推广、应用、实践 BIM 技术。

中国建筑业协会会长

原 部 总 工 程 师

序　二

近年来，政府和建筑企业对 BIM 技术的关注逐渐升温，在建设行业内，尤其是在资源消耗最集中、现场环境变化最复杂、周期最长的施工阶段，BIM 技术带来的价值日益凸显，并得到众多相关从业者的认可。然而，业内依然存在着部分疑虑和否定的声音，在现阶段，我们更需要清醒、客观地认识 BIM 技术，了解 BIM 的发展现状和未来的趋势。

2017 年 3 月，广联达公司有幸受邀协助中国土木工程学会总工程师工作委员会、中国建筑业协会工程建设质量管理分会和中国建筑业协会绿色建造与施工分会，共同发起"2017 年中国建设行业施工 BIM 应用调研活动"，并参与组织调研分析报告的编写工作。与以往不同的是，本次行业调研报告除了对调研数据进行专业分析解读以外，编写组还收集了部分调研中发现的行业现象和问题，并就此走访了 17 位 BIM 领域的专家学者，共同探讨了 BIM 技术在施工阶段的应用问题和应对措施等热点话题。在报告最后，编写组通过结合四个 BIM 应用的经典案例，从单点应用到全面推广，从企业级 BIM 到总发包平台，总结出不同企业在试点阶段、推广阶段和系统集成阶段的 BIM 应用方法。编委会希望通过此报告，让我们的读者能够更好地了解建设施工行业现状，洞察 BIM 发展趋势，从而做好企业的 BIM 战略部署和选择，将 BIM 技术作为企业信息化建设的抓手，推动企业升级转型。

回望这些年，BIM 的发展也经历过很多波折。起初，设计院积极尝试 BIM，施工企业处于观望状态，但由于甲方支付的设计费没有增加，设计院应用 BIM 的动力逐步减弱；随后，施工企业开始模仿设计院的方式使用 BIM，花费了大量时间和精力在建模上，仍没有看到 BIM 更多的实用价值；现在，施工企业逐步从以建模为主过渡到以应用为主，同时，更多的甲方业主单位也在 BIM 应用方面加大投入力度，推动整个行业的 BIM 应用落地。

作为 BIM 软件和服务的提供商，我们有幸借此机会见到很多施工企业领导，在和他们的沟通过程中，我们发现很多施工企业在 BIM 实践中遭受过不同程度的打击，投入成本与预期效果之间存在很大差距。有些企业投入重金，选择国际先进的 BIM 系统，把项目的所有细节都进行了建模，但除了良好的展示效果外，未见到其他效益。还有企业把 BIM 当作评奖的工具，在评奖前突击使用，评奖后束之高阁。当然还有其他一些乱象，究其原因，是施工企业缺乏对 BIM 的正确认识。BIM 不是灵丹妙药，最佳补品未必会使身体强壮，而是要对症下药。所以应用 BIM 最重要的是要知道我们的病症是什么，用 BIM 帮助我们达到什么目的。

同时我也欣喜地看到，有更多企业选择 BIM 的原因，是真正为了提升企业和项目的管理水平。此时，不仅仅是选择 BIM 软件，还要选择合适的 BIM 推动负责人，以及组建适合企业特点的 BIM 团队。当 BIM 与管理深度融合时，BIM 的价值才会真正发挥，进而才能提升企业的竞争力和行业的水平。当然，有些企业可能会选择观望，等待有特别成功的案例出现后可以模仿，等待行业大部分企业都使用了 BIM 后自己才开始使用，只要企业清楚这样的选择意味着什么即可。任何变革的浪潮都意味着行业格局的变化，强壮如诺基亚，在智能手机领域只比苹果落后两年左右，就彻底失去了竞争能力。先采用 BIM，就意味着先建立竞争优势，就有更大发展的机会。

新事物的发展往往会经历一个备受质疑的阶段，但只要回过头看最近 5 年施工行业 BIM 应用的发展轨迹，我们应该清醒地认识到，未来已来。以前认为几年以后可能会发生的场景现在已经发生了。你以为 BIM 很远，实际上可能只是离你自己或你的公司很远，现阶段，已经有很多企业在 BIM 实践之路上率先前行。这些年，我拜访了很多欧美的施工企业，他们的共性是在 BIM 应用上进行持久的投入。在美国的部分新型施工企业中，BIM 技术已经成为企业的核心竞争力，并使企业利润水平明显大幅提升。

BIM 技术在中国，甚至在世界都已成为建设行业的热点，只是不同国家、不同企业的 BIM 应用深度和广度不同。我坚信，BIM 一定会覆盖建筑设计、施工和运维的全过程，提升行业的整体水平，让建筑行业成为令大家向往和尊敬的行业。

广联达科技股份有限公司总裁

目　录

上篇　分析报告

下篇　专家观点

上篇　分析报告

　　"分析报告"通过对BIM技术在国内的应用现状调查、分析与总结，结合建筑行业BIM技术的环境与发展，逐点展开论述。"分析报告"共分为3个章节，分别为"第1章：BIM应用现状——概述"、"第2章：BIM应用现状——行业调查"、"第3章：BIM应用现状——应用模式及案例"。

　　其中第1章：BIM应用现状——概述内容介绍了BIM应用的价值、发展环境和发展趋势，同时分析了我国施工行业BIM应用的背景与现阶段所面临的困惑。

　　针对BIM技术在建筑施工行业应用的发展现状以及发展趋势情况，编写组组织进行了广泛的调查与分析。在"分析报告"的第2章中，将呈现本次BIM应用调查的结果，并对调查的数据结果进行客观描述。

　　"分析报告"第3章将从施工企业管理需求和不同阶段BIM应用模式两方面对施工BIM应用方法进行梳理，并结合典型实际案例展示各类型BIM应用模式的具体方法和步骤，希望能给大家提供参考。

　　以上是"上篇　分析报告"的内容组成情况，在下面的各章节中将对其中内容展开具体论述。

第1章 BIM 应用现状——概述

1.1 BIM 应用概况

1.1.1 BIM 的价值

1975 年，"BIM 之父"——佐治亚理工学院的 Chuck Eastman 教授首次提出了 BIM (Building Information Modeling) 的理念，BIM 理念是受到 1973 年全球石油危机的影响，美国全行业需要考虑提高行业效益的问题。Eastman 教授在其研究的课题 "Building Description System" 中提出 "a computer-based description of a building"，以便于实现建筑工程的可视化和量化分析，提高工程建设效率。BIM 是以建筑工程项目的各项相关信息数据作为基础，建立起三维的建筑模型，通过数字信息仿真模拟建筑物所具有的真实信息。它具有信息完备性、信息关联性、信息一致性、可视化、协调性、模拟性、优化性和可出图性等特点，使得建设单位、设计单位、施工单位、监理单位等项目参与方可以在同一平台上，共享同一建筑信息模型。

对于我国建筑施工行业而言，上下游产业链长、参建方众多、投资周期长、不确定性和风险程度高，更加强调资源的整合与业务的协同。而 BIM 技术在加快进度、节约成本、保证质量等方面均可以发挥巨大价值。BIM 是对工程项目设施实体与功能特性的数字化表达，信息完善的 BIM 模型可以连接工程项目不同阶段的数据、过程和资源，可供参建各方共同使用。因此，BIM 技术的应用与推广必将为施工行业的科技创新与生产力提高带来巨大价值。

BIM 技术的应用可以提高工程项目管理水平与生产效率，项目管理从沟通、协作、预控等方面都可以得到极大地加强，方便参建各方人员基于统一的 BIM 模型进行沟通协调与协同工作；利用 BIM 技术可以提升工程质量，保证执行过程中造价的快速确定、控制设计变更、减少返工、降低成本，并能大大降低招标与合同执行的风险；同时，BIM 技术应用可以为信息管理系统提供及时、有效、真实的数据支撑。BIM 模型提供了贯穿项目始终的数据库，实现了工程项目全生命周期数据的集成与整合，并有效支撑了管理信息系统的运行与分析，实现项目与企业管理信息化的有效结合。

可以说 BIM 技术引领着施工行业信息化建设走向了更高的水平，BIM 技术的全面应用将大大提升工程项目的质量与效率，促进项目的精益管理，加快行业的发展步伐，对施工行业的科技进步产生不可估量的影响。

1.1.2 BIM 应用的发展环境

在中国经济步入新常态的大背景下，数字信息技术的加速创新和深化应用成为经济社会转型升级的巨大内生动力。作为施工行业从业主体的施工企业，在行业发展大环境和新形势下，以往依靠"以关系为竞争力"、依托于廉价劳动力和巨大固定资产投资市场机会作为发展动力的现象将一去不返。面对新形势，施工企业中尚存在诸多不适应的状况。

我国建筑施工行业经历了持续多年的高速发展，技术水平也在不断进步，但建筑业整体管理水平相对落后的问题依然严重。在建筑产业全流程中，施工阶段存在的发展方式粗放、能耗高、污染大、效率低等问题尤为突出，增强项目管理能力已成为施工企业亟待解决的事情。目前，国内很多的施工企业在管理上面临诸多难题，其中最普遍的问题就是施工现场和公司之间信息不对等，严重影响着企业对项目的精益管理。施工过程中，项目管理者之间的工程数据流通不及时、不准确、不高效，导致工期延误、施工质量无法得以保证；利用邮件或传统的信息化系统，在信息传递过程中主观篡改数据现象普遍，无法保证数据的有效性与真实性。

为了提升工程项目的管理能力，行业不断对诸如 BIM 等新技术进行研究。随着 20 世纪末 IFC 标准的引入，我国逐渐开始接触 BIM 理念。近些年，政策层面上对 BIM 技术发展的重视程度之高可见一斑。2015 年 6 月 16 日，住房和城乡建设部下发的《关于推进建筑信息模型应用的指导意见》非常细致地指出了涉及建筑业的单位应用 BIM 的探索方向，阐述了 BIM 的应用意义、基本原则、发展目标以及发展重点。2016 年 8 月 23 日，住房和城乡建设部下发的《2016～2020 年建筑业信息化发展纲要》中前后一共 28 次提到了 BIM 一词，特别强调了 BIM 与大数据、智能化、移动通信、云计算、物联网等信息技术的集成应用能力。2017 年 2 月 21 日，国务院下发的《国务院办公厅关于促进建筑业持续健康发展的意见》中提出积极支持建筑业科研工作，提高技术创新对产业发展的贡献率，加快推进建筑信息模型（BIM）技术在规划、勘察、设计、施工和运营维护全过程的集成应用，实现工程建设项目全生命周期数据共享和信息化管理，为项目方案优化和科学决策提供依据。除国家层面外，各地方政府也相继出台了相关的 BIM 政策，鼓励 BIM 技术的应用与发展。与此同时，BIM 技术及其价值在我国得到了广泛的认可，并逐渐深入应用于工程建设项目中，不仅包括规模大、设计复杂的标志性建筑，也包括普遍常见的中小型建筑。可以说，BIM 技术是继 CAD 技术之后建筑行业的第二次技术革命，同时也将大幅度提升传统的管理水平，BIM 技术在我国建设施工行业的应用有着极大的需求和广阔的前景。

1.1.3 BIM 应用的发展趋势

在我国，BIM 技术的应用仍然处于发展过程之中，还远远没有达到普及应用的程度，无论是 BIM 相关标准，还是 BIM 人才的储备，或是 BIM 技术应用模式都有很多问题需要不断完善。同时，在过去几年的时间里 BIM 技术在工程建设领域的发展速度迅猛，BIM 技术的研究、BIM 标准的制定以及 BIM 工程的实践不断增多，无不反映出 BIM 技术经历着从概念到快速发展乃至广泛应用的过程。

现阶段，BIM 技术的发展呈现出从聚焦设计阶段向施工阶段深化应用转变的趋势。施工过程中的业务远远要比设计阶段复杂，呈现出业务种类多、参与者杂、专业范围广的特点。所以，要想保证施工阶段各工作环节的顺利进行，更加需要对 BIM 技术进行深入研究和应用。

我国建筑业经历了 30 多年的高速发展，但由于工程项目自身的复杂性，其管理水平仍然比较落后。在过去几年的发展过程中，BIM 技术还是以单点的技术应用为主要应用方式，但随着 BIM 技术的不断发展，其逐渐成为解决包括成本管理、进度管理、质量管理等项目中管理问题的最有效手段之一，其应用重心也从单点技术应用向项目管理应用方向逐步过渡。

另外，随着物联网、移动应用等新的客户端技术的迅速发展与普及，依托于云计算和大数据等服务端技术实现了真正的协同，满足了工程现场数据和信息的实时采集、高效分析、及时发布和随时获取，进而形成了"云加端"的应用模式。这种基于网络的多方协同应用方式与 BIM 技术集成应用，形成优势互补，为实现工地现场不同参与者之间的实时协同与共享以及对现场管理过程的实时监控都起到了显著的作用。

总体上说，BIM 技术的应用主要呈现从聚焦设计阶段向施工阶段深化应用转变、从单点技术应用向项目管理应用转变、从单机应用向基于网络的多方协同应用转变的整体趋势。

1.2　本报告的背景

1.2.1　施工 BIM 应用的背景

BIM 技术作为我国建筑施工行业创新发展的主要技术手段之一，其应用与推广对行业的科技进步与转型升级将产生巨大的影响，同时也将成为促进行业发展的推动力量。BIM 技术将大大提高工程项目的集成化交付能力，进一步促进工程项目的效益和效率的显著提升。

一方面，施工企业对 BIM 技术的实际应用需求和范围在不断扩大。据《中国建筑施工行业信息化发展报告（2015）：BIM 深度应用与发展》调查显示，43.2％的企业在已开工的项目中使用了 BIM 技术，并且呈现 BIM 应用点越来越多、应用程度越来越深的趋势。其中，一部分施工企业已经建立了 BIM 中心等相关组织，很好地为开展项目层面的规模化应用推广提供了支持。更有走在前面的施工单位已经做到了企业层面上的 BIM 应用，为企业创造价值。可见，现阶段我国施工 BIM 应用需求呈现出明显的上升趋势。

另一方面，施工企业对于 BIM 应用属于一项系统性工程表示出基本一致性的认可，认为实现 BIM 技术带来的所有价值并非是一蹴而就的。因此，现阶段施工企业的 BIM 应用不能一概而论，由于 BIM 技术引入的时间、深度、投入各不相同，不同的企业正处于不同的 BIM 发展阶段。总体而言，我国 BIM 技术应用呈现逐级递进的态势，从应用过程上讲企业的 BIM 发展阶段大致可分为项目试点阶段、总结推广阶段以及系统集成阶段。处于不同应用阶段的企业所采用的 BIM 应用模式也不尽相同，可分为岗位单点应用模式、项目协同应用模式、公司集成应用模式等三种。

1.2.2　施工 BIM 应用的困惑

对于施工企业而言，BIM 是一项新的技术，在新技术的推行过程中，难免会产生不少阶段性的困惑。对处于不同发展阶段、不同应用模式下的施工企业而言，在 BIM 应用过程中所面临的困惑也不尽相同。处在项目试点阶段的企业面临的问题更多是如何解决岗位应用的效率问题；处在总结推广阶段的企业主要则面临 BIM 技术如何帮助项目提升效益问题；而处在系统集成阶段的企业则要解决如何通过 BIM 应用对所有项目进行系统性管控的问题。

从整体的 BIM 应用角度上讲，施工企业现阶段主要有三方面的困惑：BIM 应用的价值到底如何衡量？外部条件不完善的情况下如何推进 BIM 应用？如何看待 BIM 技术给传统管理模式带来的冲击？

第一，应用初期只看见了持续投入，却感受不到明显的价值，BIM 产生的价值到底在哪？对于大多数试点应用 BIM 技术的施工企业来说，BIM 带来的产出似乎并不明显。从投入上看，不管是人员的投入还是资金的投入都很好计量，最终都能清晰地计算出具体的资金投入量；从管理的角度看，BIM 技术的应用并没有明显提升现有的管理水平，甚至会给现有的管理团队增加负担，在紧张的日常管理事务中还要挤出时间来学习 BIM 软件。新技术的引入并没有马上改变粗犷的管理现状，这些困惑在 BIM 应用初期尤为普遍，甚至由此产生对 BIM 价值的质疑、对 BIM 应用形成观望情绪。因此如何客观看待 BIM 价值，将是本报告的重点分析工作。

第二，在 BIM 应用过程中，多种不利因素影响着 BIM 技术的推进，是等待所有时机都成熟还是尽早实践？比如标准不完善、BIM 人才缺失、BIM 软件不得力、应用方法不清晰等，各种因素在影响着对 BIM 应用的情绪和热情，甚至有些企业会因此犹豫不决。与此同时，从这几年的应用趋势来看，在整个施工企业增长迅猛的背景下，BIM 对施工企业的覆盖率却越来越高，更有些企业在前期投入的基础上取得了一定的成效，更加快了 BIM 的推进节奏，到底这类企业是如何解决此类问题的？通过后续分析，希望能找到答案。

第三，BIM 技术在应用过程中出现了各种不适应，是技术本身的不适用吗？这种不适应包括人员的不适应和企业管理习惯、管理模式的不适应。在前期项目试点期间几乎所有的公司都出现了项目人员不适应的现象，不符合原有的管理习惯，甚至有排斥现象，随着时间的积累和应用范围的扩展，陆续会发现 BIM 技术的管理方法和企业原有的管理模式、原有的信息化管理系统不完全一致，甚至有明显的矛盾，是传统管理方式的问题？还是 BIM 技术不适合在本企业推广？后续分析中会有来自不同岗位的专家，通过不同视角对这些困惑进行解答。

1.2.3 本报告的价值

现阶段施工企业的 BIM 应用之路是机遇与困难并存，而今年是 BIM 技术发展的关键之年，政策的利好让 BIM 站上了行业风口，政府部门先后出台了多个关于促进 BIM 技术发展的激励政策和指导性文件，旨在加速推动施工阶段 BIM 技术的应用，以便企业更快掌握 BIM 技术的实施方案。与此同时，真正实现 BIM 技术的落地应用情况并不明朗，BIM 技术如何为项目带来更大的价值是摆在眼前的一大难题。本报告将从两个角度解决施工企业 BIM 应用面对的问题。

针对施工企业在 BIM 应用上面临的困惑，首先是要解决施工企业应如何客观认识 BIM 技术应用落地规律的问题，对此《中国建设行业施工 BIM 应用分析报告（2017）》

编写组发起了一次全国性建筑施工行业 BIM 应用情况调查，通过收集施工企业、项目现阶段管理问题与 BIM 技术应用情况，客观有效地了解工程行业管理问题以及 BIM 应用现状与发展趋势，从而帮助施工企业客观认识到 BIM 应用的落地规律。

其次是帮助施工企业寻找 BIM 应用落地的有效方法，本报告编写组针对调查结果进行深度分析，结合行业专家对 BIM 技术与工程管理的先进观点，为建设施工企业及项目的管理层人员、BIM 技术人员以及施工行业相关人员寻求如何通过 BIM 技术提升项目管理水平的方法，真正让通过 BIM 技术提升项目精细化管理水平成为可能，从而帮助施工企业在应用过程中真正感受到 BIM 技术为企业带来的价值。

第 2 章 BIM 应用现状——行业调查

2.1 施工 BIM 应用现状调查概述

为全面、客观地反映 BIM 技术在中国建筑施工行业的应用现状，本报告编写组对全国施工企业 BIM 应用情况进行了调查。本章节主要呈现本次调查的结果与分析，针对调查数据和发现的客观事实进行描述，并对调查结果展开详细分析。在调查结果分析中，编写组特别邀请了服务过央视财经、北京奥运会等大型项目的专业数据分析权威机构"数字100"共同参与，以保证调研过程的真实性与专业性。

本次调查自 2017 年 3 月开始，至 2017 年 8 月截止，历时 5 个月时间，共收到有效问卷 1287 份。问卷回收渠道及方式涵盖了"行业 BIM 技术会议调查"、"行业垂直媒体渠道调查"、"施工企业定向调查"、"手机微信渠道调查"、"电话与邮件调查"等，覆盖岗位涉及企业高管、企业/项目信息化负责人、项目总工、项目经理、企业/项目 BIM 技术负责人、BIM 技术人员、技术/商务/生产管理人员、技术员等。从受访者岗位类别可以看出，调查覆盖了企业各相关层级。

本次调研题目分为"基本信息"、"工程项目管理现状"、"BIM 应用现状"三个部分，旨在根据受访者的不同角色，了解各类被调查对象工程项目管理水平、BIM 应用情况以及对 BIM 应用发展趋势的判断情况。同时题目还涵盖了企业、项目、岗位各层级的问题，从而更加全面地反映出施工阶段不同层级项目管理以及 BIM 技术应用的真实情况。

参与本次调查的人员所在单位类型包括施工总包单位、安装公司、造价咨询单位、BIM 咨询单位、各专业分包单位等。其中，来自施工总包单位的占比最多，达 63.1%；BIM 咨询单位次之，占比 7.8%；安装公司为 6.8%，造价咨询单位为 6.0%，如图 2-1 所示。

进一步的统计表明，在施工总包单位的被调查对象中，特级资质企业占比最多，达 50.6%；其次是一级资质企业，占比 41.9%；二级资质企业占 5.1%，如图 2-2 所示。从单位类型来看，本次调查对象更多来自于施工总包单位，其中 90%以上的受访者均来自特级或一级资质的施工总包单位。

从地域分布来看，被调查对象各区域分布相对均衡。其中华北地区和华东地区所占比例最高，分别是 26.5%和 25.8%；其次是华中地区和华南地区，分别为 15.0%和 13.0%；西南地区和西北地区分别占 10.0%和 7.1%；东北地区最少，仅占 2.6%，如图 2-3 所示。

本次被调查对象的工作角色以管理层人员为主，按照公司岗位划分，总/副总经理、总/副总工程师和 BIM 负责人最多，均占 24.8%；部门经理占 15.9%，BIM 技术人员占 9.6%，其他实操层人员占 23.2%，如图 2-4 所示。

图 2-1　被调查对象单位类型

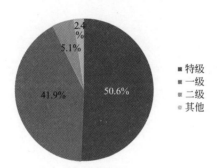

图 2-2　被调查对象企业资质情况

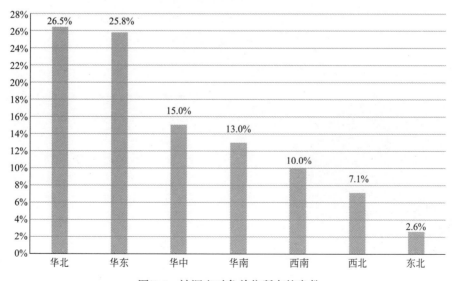

图 2-3　被调查对象单位所在的省份

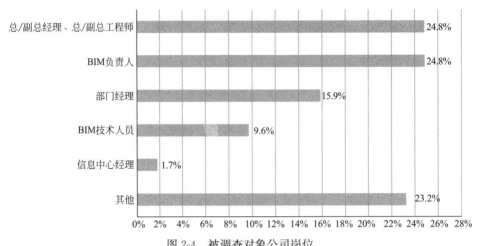

图 2-4　被调查对象公司岗位

按照项目岗位划分，项目经理、总/副总工占比最高，达 24.4％；项目 BIM 负责人次之，占 20.2％；项目部门经理和技术负责人分别占 13.0％和 11.9％；其他实操层人员占30.5％，如图 2-5 所示。

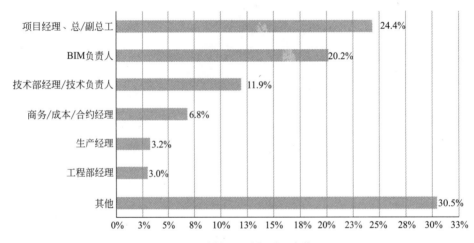

图 2-5　被调查对象项目岗位

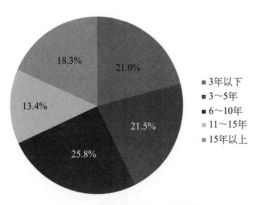

图 2-6　被调查对象工作年限

根据统计结果显示，被调查对象中工作年限在 6～10 年的人员有 332 人，占25.8％；拥有 3～5 年工作经验的有 277 人，占 21.5％；3 年以下工作经验的有 270 人，占 21.0％；15 年以上工作经验的有 235 人，占 18.3％；工作年限在 11～15 年间的有 173人，占 13.4％，如图 2-6 所示。由此可见，在本次调研中，参与调查的对象在工作年限上分布相对均衡。

综上所述，参与本次调研的被调查对象

以施工单位为主，其中又以总包企业中的特、一级企业居多；工作角色方面则以管理层人员为主，实操层人员为辅；从地域分布情况以及工作年限来看，被调查对象的分布相对均衡。

2.2　BIM 应用现状调查结果

2.2.1　施工行业项目管理业务现状

本次调查显示，50.2％的被调查对象认为项目部门岗位工作界限基本明确，但各岗位之间没有具体的工作界限；认为非常明确，工作内容有清晰具体的界限的占 42.0％；认为不明确，各岗位人员对工作重点、管控内容不清晰的只有 7.8％，如图 2-7 所示。从不同类型企业看，特级企业被调查对象认为非常明确的比例最高，达到 54.3％，二级企业被调查对象认为不明确的比例最高，达到 13％；从不同岗位上看，总/副总经理、总/副总工程师认为项目部岗位工作界限非常明确的比例高于其他职位，并有被调查对象职位越高，越认为项目部岗位工作界限明确的趋势。

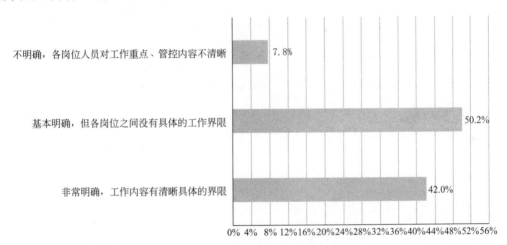

图 2-7　项目部各岗位工作界限情况

从数据看，73.1％的被调查对象认为项目部各岗位工作内容多多少少存在考核标准不明确的问题；认为考核标准非常明确，所有标准均可定量进行考核的人员占 26.9％，如图 2-8 所示。从不同类型企业看，施工总包单位的被调查对象认为工作内容的考核标准更明确，其中特级企业人员认为工作内容的考核标准明确的数量明显高于其他资质企业人员；BIM 咨询单位、精装分包、钢结构分包等类型企业被调查对象认为考核标准明确程度相对低。

调查结果显示，施工交接过程中遇到最大的问题是有交接标准，但在具体工作面移交时，未按照标准检查，留下纠纷隐患，占 44.0％；认为不同班组、分包在工作面交接时交接标准不明确，扯皮现象普遍，交接拖沓的占 17.1％；认为无工作面交接标准，分包自行交接的占 5.7％。另外，认为交接标准具体明确，能顺利完成交接工作的占全部调查对象的 33.3％，如图 2-9 所示。从不同类型企业看，施工总包单位尤其是特级资质企业被调查对象认为交接标准具体明确的比例高于其他。

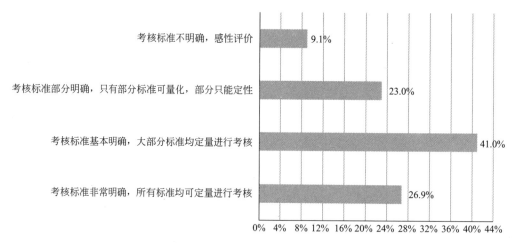

图 2-8　项目部各岗位工作内容考核标准情况

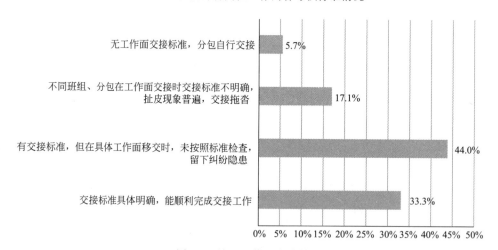

图 2-9　施工工作面交接情况

　　根据统计结果来看，有四成被调查对象认为作业工人完全能按照技术文档内容完成施工作业；有六成被调查对象认为交底技术文档不能完全指导工人作业，其中21.4％认为传递给作业工人的技术文档内容不完整，14.5％认为技术文档查阅、携带不便，作业工人无法及时获取，12.5％认为作业工人能力参差不齐，理解技术文档有困难，还有10.9％被调查对象认为技术文档内容与现场实际情况存在较大偏差，如图 2-10 所示。细分统计结果显示，不同类型企业、不同岗位人员的评价也与总体评价基本一致。

　　从调查结果看，现场重点管控点要有针对性地进行跟踪被认为是对预防进度延误最有效的方式，占全体被调查对象的34.5％；选择提升管理人员能力、提高技术文档可执行性和制定更加合理的进度计划的人数相当，分别占22.3％、21.9％和18.9％，如图 2-11 所示。不同类型企业中的施工总包单位特级、一级企业；不同岗位人员中的部门经理、BIM负责人；不同工作年限中工作在 6 年以上的人员特别强调现场重点管控点要针对性追踪是预防进度延误的最有效方式。

　　在对施工行业项目管理业务现状进行调查的过程中，我们总结发现了普遍存在的两个规律：第一，施工企业资质越高的被调查对象认为企业的项目管理情况越好，这表明项目

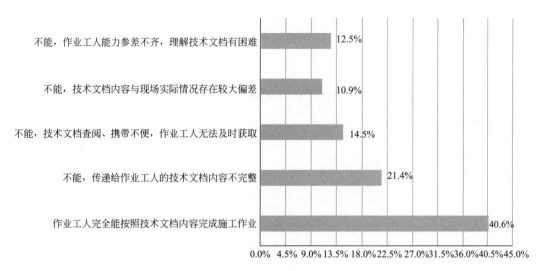

图 2-10　项目交底技术文档指导工人作业情况

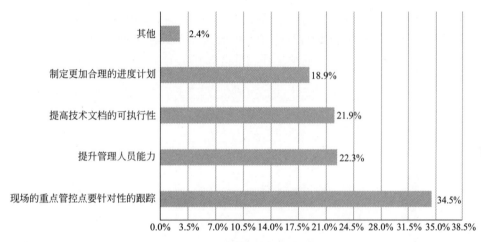

图 2-11　预防进度延误情况

管理业务的水平在一定程度上映射了企业的整体实力，也体现出提升项目管理水平对于企业自身发展的重要性；第二，在企业中职位越高的被调查对象认为企业的项目管理情况越好，这表明项目管理业务中的主要问题可能更多出现在实施基层，从中体现出解决项目管理问题，可能要从对项目基层工作的管理着手。

2.2.2　施工行业 BIM 应用现状

1. BIM 应用基本情况

从企业 BIM 应用的时间上看，在研究阶段还未在项目应用过的比例最高，达到 35.2%；其次是应用 1～2 年的企业，占 20.0%；应用 3～5 年的企业占 17.6%；应用少于 1 年的企业有 16.8%；应用 5 年以上的企业占比最少，只有 5.7%，如图 2-12 所示。从区域分布上来看，华北地区的应用时间较长；从不同类型企业上看，特级企业处于研究阶段的比例只有 18.7%，远远低于平均值，特级企业 BIM 的应用时间明显长于其他类型企业。

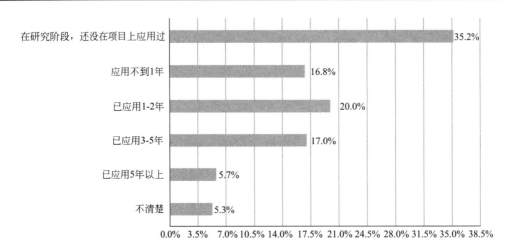

图 2-12　BIM 技术应用年限

从企业应用 BIM 技术的项目数量来看，大多数企业开展 BIM 技术应用的项目数量并不多，有 40.6％的企业使用 BIM 技术开工数量在 10 个以下，项目开工量在 10～20 个的企业占 10.2％，项目开工量在 20 个以上的企业只有 6.7％，如图 2-13 所示。详细数据显示，特级资质企业应用 BIM 技术的项目开工数量远高于其他类型企业，被调查对象中二级及以下资质企业应用 BIM 技术的项目开工量全部都在 10 个以内。

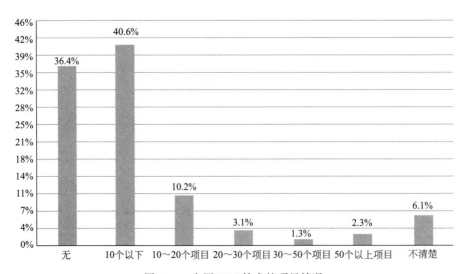

图 2-13　应用 BIM 技术的项目情况

在 BIM 组织建设方面，超过半数的企业已经成立了 BIM 组织，其中有 23.4％的企业已建立公司层 BIM 组织，已建立项目层 BIM 组织的企业占 15.3％；还有 17.2％的企业既建立了公司层 BIM 组织又建立了项目层 BIM 组织，但仍有 40.6％的企业未建立 BIM 相关组织，如图 2-14 所示。数据表明，特级企业未建立 BIM 组织的比例最低，仅有 20％，一级企业有 50％未建立 BIM 组织，二级企业未建立 BIM 组织的比例高达 80％。从地域上分析，华北、华中未建立 BIM 组织的企业比例低于平均水平。

在企业层面对 BIM 应用的投入方面，企业投入的力度相对均衡。其中，投入资金在

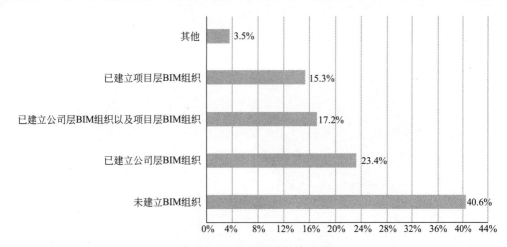

图 2-14　BIM 组织机构建设情况

10 万～50 万元的企业所占比例最高，为 18%；其次是投入 10 万元以内的企业，占 14.6%；投入在 50 万～100 万元以及投入 100 万～500 万元的企业分别占 11.6% 和 11.0%；投入高于 500 万元的企业仅占 3.3%，如图 2-15 所示。从不同类型企业角度看，施工总包单位尤其是特级资质企业对 BIM 技术的投入远高于其他。

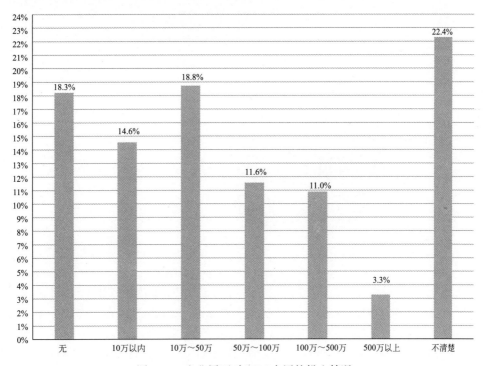

图 2-15　企业层面对 BIM 应用的投入情况

　　根据数据统计，公司成立专门组织进行 BIM 应用（占 46.0%）是现阶段开展 BIM 工作的最主要方式，其次是委托咨询单位完成 BIM 应用（占 16.9%）和与专业 BIM 机构合作共同完成 BIM 应用（占 15.2%），如图 2-16 所示。总包单位、安装公司、BIM 咨询公司成立专门组织进行 BIM 应用的比例明显高于平均。

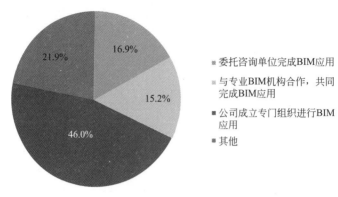

图 2-16　BIM 工作的开展方式

针对被调查对象企业 BIM 技术应用的基本情况，总体上来看，有企业的资质越高 BIM 应用情况越好的明显趋势。这体现了整体发展水平更高、实力更强的企业对于 BIM 技术的重视程度相对也更高。

2. 对现阶段 BIM 工作方式的满意程度

被调查对象对自身企业现阶段开展 BIM 工作的方式满意度一般，非常满意的仅为 9.6%，41.6% 的被调查对象认为企业开展 BIM 工作的方式效果一般，直接提到不满意的达到 21.6%，如图 2-17 所示。从不同人群看，造价咨询企业、二级资质企业；华南、华中地区；工作时间较长（11 年以上）的被调查对象的不满意程度更高。

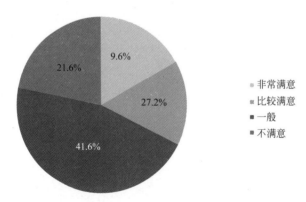

图 2-17　现阶段开展 BIM 工作方式的满意度情况

进一步分析表明，BIM 实施方式的不同、是否有 BIM 整体规划以及 BIM 的组织和投入、领导重视程度的不同都是影响 BIM 应用效果和满意程度的因素。统计显示，委托咨询机构完成企业 BIM 应用的满意度较低，对结果非常满意和比较满意的只占 15.1% 和 19.3%。成立专门 BIM 组织独立完成和与专业 BIM 咨询机构合作完成的被调查对象对 BIM 应用的满意程度相似，非常满意和比较满意相加均占 44% 左右，如图 2-18 所示。这说明企业在 BIM 应用过程中还是要亲力亲为，与专业咨询机构共同推进 BIM 应用的方式可能在目前阶段比较合适。

清晰规划 BIM 应用目标的企业对 BIM 应用情况的满意度较高，非常满意和比较满意的占比为 21.7% 和 44.2%，远远超过了正在规划和没有规划的企业，而没有规划 BIM 应用目标的企业认为对 BIM 应用情况非常满意和比较满意仅为 1.9％和 10％，如图 2-19 所示。

图 2-18　BIM 应用满意度与 BIM 实施方式的关系

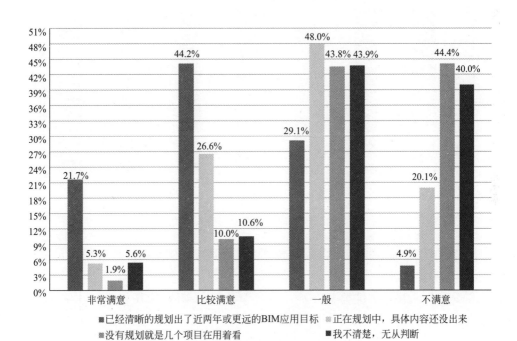

图 2-19　BIM 应用满意度与 BIM 规划情况的关系

在组织建设、资金投入和领导重视方面。没有建立专门 BIM 组织的企业，其 BIM 应用效果为非常满意和比较满意的占 8.6％和 13.2％，远远低于已建立专门 BIM 组织的企业对应用效果的满意程度，已建立专门 BIM 组织的企业中对 BIM 应用效果非常满意和比较满意的占比达到 14.9％和 45.2％，如图 2-20 所示。

随着投入的增加满意度也逐步提高，BIM 应用投入 10 万元以下的企业对 BIM 应用效果非常满意和比较满意的占 5.9％和 18.1％，投入在 100 万～500 万元的企业对 BIM 应用情况表示非常满意和比较满意的占比则达到 13.5％和 37.6％，投入超过 500 万元的企业选择非常满意和比较满意的占比更是达到了 18.6％和 58.1％，如图 2-21 所示。另外，当

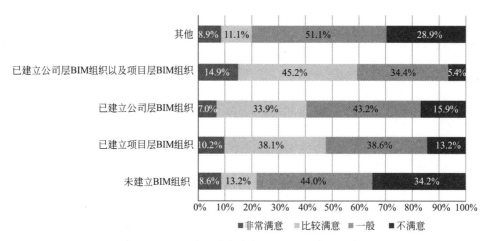

图 2-20　BIM 应用满意度与 BIM 组织建设的关系

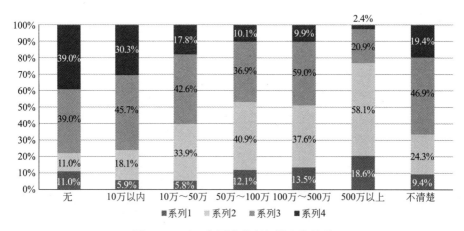

图 2-21　BIM 应用满意度与投入的关系

单位领导不重视 BIM 应用时，BIM 应用效果的不满意度比例最高，达到 34.7％。

3. BIM 应用推进情况

从 BIM 技术应用的项目类型上看，各类型项目的 BIM 应用比例可大致分为三档，BIM 应用比例最高的项目类型是甲方要求使用 BIM 的项目（占 42.4％）和建筑物结构非常复杂的项目（占 40.1％）；其次是需要提升公司品牌影响力的项目（占 37.0％）、提升企业的项目管理能力的项目（占 35.0％）以及需要评奖或认证的项目（占 30.1％）；项目工期紧，预算少的项目（占 15.9％）比例较低，如图 2-22 所示。

细分发现，总包单位尤其是其中的特级资质企业以及钢结构分包单位应用 BIM 技术的最大驱动力分别是希望通过 BIM 技术解决建筑物结构复杂问题和通过 BIM 技术提升公司品牌影响力。针对这两项，总包单位占比分别为 45.3％和 41.1％，其中特级资质企业占比分别是 49.7％和 43.1％，钢结构分包单位占比分别为 50％和 37.5％，三者都超过了甲方要求使用 BIM 技术的比例。而造价咨询单位和精装分包单位等还是由于甲方要求而使用 BIM 技术，自身驱动力不足，这也与其企业特点有关，如图 2-23 所示。

从开展过的 BIM 技术应用看，各类 BIM 应用分布相对比较均衡，其中开展最多的三

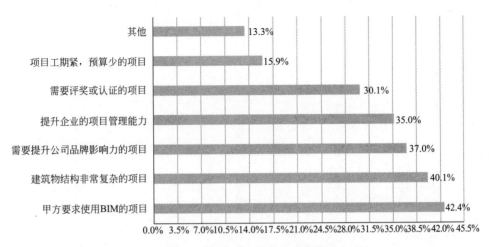

图 2-22 应用 BIM 技术的项目情况

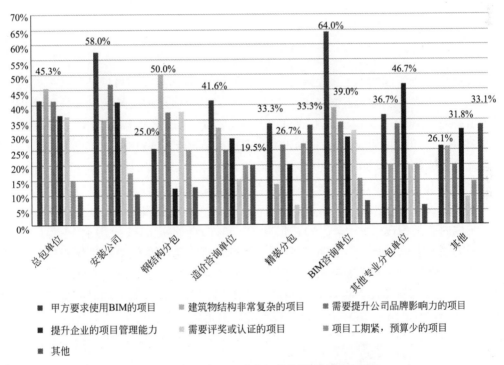

图 2-23 BIM 应用驱动力与单位类型之间的关系

项 BIM 应用是基于 BIM 的碰撞检查（占 48.3%）、基于 BIM 的投标方案模拟（占 42.3%）和基于 BIM 的专项施工方案模拟（占 40.3%），基于 BIM 的结算（占 14.8%）和基于 BIM 的预制加工（占 13.4%）略低于其他应用，如图 2-24 所示。

根据调查显示，项目的技术、商务、生产三方面业务内容的 BIM 应用已经全部有所覆盖，排在前面的依然是技术管理中较为成熟的业务，例如碰撞检查、方案优化等，工程量计算、成本控制等商务应用紧随其后。这也符合这几年 BIM 软件和应用比较活跃的应用领域。与前几年不同的是，现场可视化技术交底的应用比例达到了 34%，质量安全等方

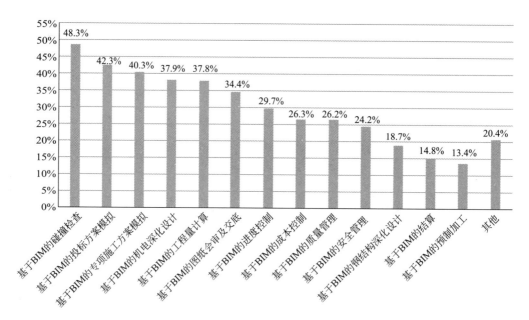

图 2-24　被调查对象单位开展过的 BIM 应用情况

面应用分别达到 26％和 24％，这远远超过了前两年，而据实际项目反映，技术交底、质量安全的 BIM 应用偏重于支持施工现场生产，与一直应用比较活跃的进度过程管理共同构成了生产业务线的主要应用。由此可以看出，经过这几年的 BIM 应用发展，无论是 BIM 软件种类、BIM 应用业务范围、BIM 应用点都得到了扩展和深入，已经开始与一线生产管理过程深化集成应用了。

　　从统计数据上看，企业在制定 BIM 技术应用规划的情况不太乐观，已经清晰地规划出近两年或更长时间 BIM 应用目标的企业仅占 28.3％；超过四成的企业处于正在规划还没形成具体内容的情况（占 45.3％）；仍有 12.4％的企业在 BIM 应用上没有具体规划，就是在几个项目上用着看，如图 2-25 所示。统计发现，施工总包单位特级资质企业中有 36.7％已经清晰地规划出近两年或更长时间 BIM 应用目标。从地域分布来看，华北地区的企业有清晰的 BIM 应用目标规划的比例高于平均；BIM 技术应用的时间越长、项目数量开展的越多，有清晰的 BIM 应用目标规划的比例越高。

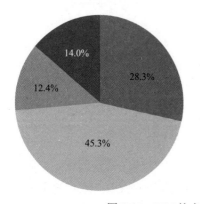

- 已经清晰的规划出了近两年或更远的BIM应用 目标
- 正在规划中，具体内容还没出来
- 没有规划，就是几个项目在用着看
- 我不清楚，无从判断

图 2-25　BIM 技术应用规划的制定情况

数据进一步表明，28%左右的企业已经有清晰的 BIM 规划，而在这些企业中，28.3%的企业非常满意 BIM 应用效果，54.4%的企业达到基本满意的程度。而有 45%左右的企业正在进行 BIM 规划，在这些正在进行 BIM 规划的企业中，仅有 6.5%的企业对推进效率非常满意，43.2%的企业表示基本满意。而根本没有规划就直接实施的企业，满意程度最低。由此可以看出，企业应用 BIM 技术的效果与科学的规划有着直接的关系，如图 2-26 所示。

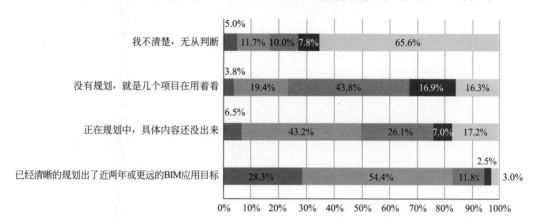

图 2-26 推进效率满意程度与 BIM 应用规划的关系

对于企业现阶段 BIM 应用的重点，让更多项目业务人员主动运用 BIM 技术是多数企业最重要的工作，占比 31.5%；其次是应用 BIM 解决项目实际问题和建立专门的 BIM 组织，分别占 28.0%和 22.1%；选择应用 BIM 是为项目节省资金的被调查对象仅占 6.7%，如图 2-27 所示。这说明目前企业对 BIM 应用的认识相对更加成熟，BIM 技术归根到底是需要应用到项目的实际工作中去才能发挥价值的，通过项目的实际应用，培养专业 BIM 人员能力、归纳总结 BIM 应用流程、形成 BIM 实施方法，并结合企业层面的规范，形成企业层面的 BIM 应用制度，从而指导后续的项目进行 BIM 实施。其中，BIM 技术应用时间越久、项目数量开展越多的企业，对项目业务人员主动应用 BIM 技术的需求越迫切。

图 2-27 现阶段 BIM 应用的重点

从评价企业 BIM 应用的推进效率来看，选择基本满意，推进速度比我预期的慢，但客观上可以接受的占比最高，为 39.0%；其次是选择比较失望，推进速度比我预期的要慢得多的，占比 22.0%；选择非常满意，BIM 应用按照节奏稳步进行推进的被调查对象仅占 12.1%，如图 2-28 所示。从不同群体满意度看，BIM 负责人以及项目开展数量在 10 个以下的企业或个人对 BIM 应用的推进效率的不满意程度高于平均。

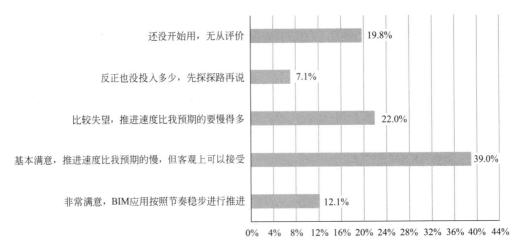

图 2-28　被调查对象如何评价企业 BIM 应用的推进效率

详细数据表明，BIM 的实施方式、BIM 的整体规划情况、专门的组织和投入以及领导的重视程度都是对 BIM 应用推进的效率有直接影响的。统计显示，在纯粹依靠咨询机构应用 BIM 的企业中，17.9% 的被调查对象对推进效率非常满意，22.9% 人对推进效率基本满意。而成立专门 BIM 组织和与咨询机构合作共同推进 BIM 应用的企业中，对推进效率的满意度差不多，基本满意的占比为 52.8% 和 52.5%，但是选择非常满意的比例仅为 11.8% 和 12.8%，低于依靠咨询机构应用 BIM 的满意度，如图 2-29 所示。这说明在推进效率与速度上，目前阶段依靠外部力量可能会快一些。具有清晰的 BIM 规划目标的企

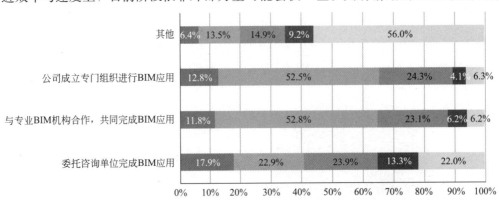

图 2-29　推进效率满意程度与 BIM 实施方式的关系

业，对推进效率非常满意的占比达到 28.3%，选择基本满意的达到 54.4%，远远高于没有规划的企业。

在组织建设、资金投入和领导重视方面，没有建立专门 BIM 组织的企业，对推进效率非常满意和基本满意的分别为 10.5% 和 17.2%，远远低于已建立 BIM 组织的企业达到 19% 和 61.1% 的水平。BIM 应用投入在 10 万元以内的企业，对其推进效率非常满意和基本满意的仅占 7.4% 和 31.9%，如图 2-30 所示。

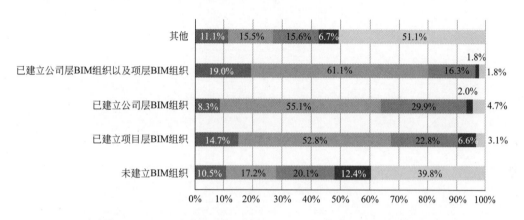

图 2-30　推进效率满意程度与 BIM 组织建设的关系

随着投入的增加满意度逐步提高，投入在 100 万～500 万元之间的企业，对推进效率非常满意和基本满意的占比达到 16.3% 和 56%，投入超过 500 万元的企业，对推进效率非常满意和基本满意的更是高达 27.9% 和 58.1%，如图 2-31 所示。此外当单位领导对 BIM 应用不重视时，选择对 BIM 应用推进效率比较失望的比例最高，达到 33.4%。

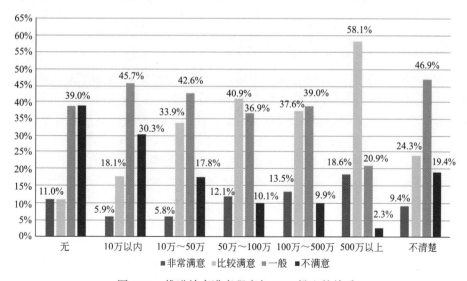

图 2-31　推进效率满意程度与 BIM 投入的关系

4. BIM 应用最希望收获到的价值和推进中遇到的阻力

调查显示，企业最希望通过 BIM 技术得到的应用价值排在前三位的依次是提升企业品牌形象，打造企业核心竞争力（占 55.1％），提高施工组织合理性，减少施工现场突发变化（占 42.0％）和提高预算准确率控制制造成本（占 36.4％）；企业对提高工程质量和提高现场安全管理水平的期望值相对不高，分别只有 15.7％和 14.8％，如图 2-32 所示。

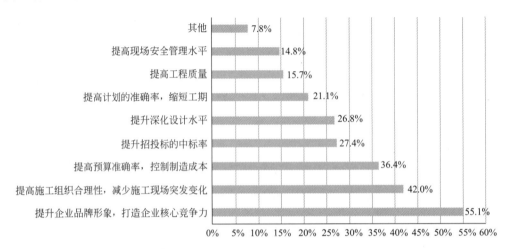

图 2-32　采用 BIM 技术最希望得到的应用价值情况

具体来看企业对 BIM 的价值期望对 BIM 应用内容的影响，一方面显示 BIM 技术应用时间越长、应用项目越多、建筑结构越复杂项目、专业性强的分包，对希望通过 BIM 技术提高深化设计水平的诉求越高。统计显示，应用 BIM 技术 5 年以上的企业，通过 BIM 提高深化设计水平的期望不断上升，达到 50％，超过通过 BIM 提高施工组织合理性（41.9％）；BIM 技术应用在 30～50 个项目时，提高深化设计水平的期望也达到 58.8％，超过通过 BIM 提高施工组织合理性（47.1％）；建筑物结构非常复杂的项目中希望通过 BIM 技术来提高深化设计水平的占比为 49.6％；安装、钢结构、咨询类企业明显希望通过 BIM 技术提高深化设计水平，分别达到 42％、37.5％、39％。以上数据说明深化设计对于施工过程的重要性，而 BIM 技术对于提高深化设计的水平，以及解决复杂建筑设计问题都能够提供很重要的作用。而通过 BIM 技术提高计划准确率、缩短工期以及提高工程质量问题，随着 BIM 技术应用时间的增长，对其产生价值的期望率逐步降低。这也说明目前 BIM 技术对于计划过程管控效果不明显，后期施工过程的质量控制应用较少。

另一方面，对于专业分包单位来讲，利用 BIM 技术期望的价值中提升品牌竞争力没有排在第一位，而是更倾向于提高施工组织合理性，减少施工现场突发变化。统计显示，钢结构分包和精装分包对 BIM 技术的价值期望倾向于提高施工组织合理性，减少施工现场突发变化，分别达到 62.5％和 53.3％，超过了提升品牌竞争力。由此可以看出，分包单位希望通过 BIM 技术优化施工组织，提高协同效率，一是能提升与总包单位、其他分包、劳务、监理等单位的协调工作效率，二是希望通过合理、科学的计划与土建施工、物资采购、质量验收等工作协同一致。

从企业在实施 BIM 中遇到的阻碍因素上来看，缺乏 BIM 人才是大多企业共同面临的问题，占比远高于其他，达 63.3％；其他主要阻碍因素包括企业缺乏 BIM 实施的经验和方法（占 36.7％）、BIM 标准不够健全（占 36.5％）。投入成本高昂在阻碍因素中占比最低，只有 18％，如图 2-33 所示。

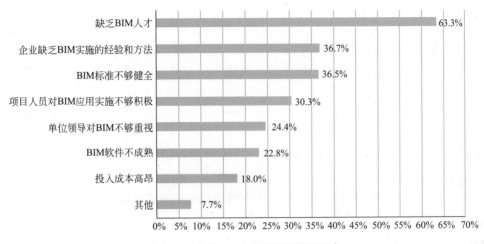

图 2-33 实施 BIM 中遇到的阻碍因素

详细数据表明，随着应用时间和应用项目的增加，各影响因素对 BIM 技术推进效果的影响程度也在发生变化。

首先，BIM 人才一直是 BIM 技术发展的最大影响因素，从应用时间来看，应用 5 年以内的所有被调研对象中人才影响都在 60％以上，应用 5 年以上的企业也达到 50％以上，这说明 BIM 人才短缺将是行业内的常态；从应用项目来看，即使已经经历了 50 个项目的应用，人才依然是最大的阻碍因素，同时也发现，经历了 23～30 个项目的企业，和 50 个以上项目应用的企业人才的影响程度有所下降，我们推测随着 BIM 技术的应用范围扩大，也许已经触及对原有企业管理模体系的调整，或已具备人才自我繁殖的能力，比如我们所了解到的湖南建工集团，经过近几年的应用实践，已经总结出了一套有效的人才培养方法，甚至可以为同行培养 BIM 人才，现阶段正着手进行企业内部管理体系的调整。可见企业自身的人才培养是解决 BIM 应用障碍的首要任务。

其次，BIM 应用经验和方法，以及 BIM 标准的缺失是影响 BIM 应用的第二障碍，整体在 40％以上，随着应用时间的增长，对应用方法和经验的依赖性略有下降，但随着应用项目的不断增加，对方法的依赖性有明显的下降，这一方面企业自身总结的方法，在后续的项目中复用性更强，同时也说明在具体的项目中应用实践中进行方法的总结是最有效的手段；而 BIM 标准不全这一影响因素，随着应用时间和应用项目的增加，影响程度也出现明显的增长势头，这也许从另一个侧面说明，随着 BIM 技术应用范围和深度的增加，对 BIM 标准的依赖性更强了，这也是最近国家近两年来加快标准制定工作的背后原因。

第三，公司领导的重视程度也直接影响着 BIM 技术的推进，从应用时间来看，调研数据没有明显的变化，也就是说需要领导在整个应用期间持续的关注和重视，而不仅仅是在应用初期；从应用项目数量来看，在开始个别项目试点和后续大规模推广这两个节点上，领导的重视程度至关重要，前期领导的决策起着关键性作用，在决定用不用 BIM 这件事上，最高层领导的决心和态度非常关键，后期规模化推广时，可能会因为应用项目的增加而影响到公司管理模式的调整，再次将重心转向公司领导层。

第四，BIM 软件的成熟度现阶段相对其他因素并不是最主要的。这可能和现阶段普遍的应用内容有很大的关系，大部分企业还是在试点阶段，以常见的 BIM 应用内容为主，应用的项目也很有限，就个别企业来说这两点也可能是很关键的影响因素。就 BIM 软件来说，和 BIM 标准有类似的规律，应用超过 5 年以上的企业认为软件不成熟是主要影响因素的占比为 35.1%，横向对比中远远超过了 BIM 应用在 5 年以下的企业。同样 BIM 技术应用超过 50 个项目的企业中，48.3% 认为软件不成熟。随着 BIM 技术应用的逐步深入，BIM 软件的重要性越来越明显。也从另一个侧面说明了目前我国的 BIM 软件还处于发展阶段，需要不断完善，尤其后期涉及本土化应用的管理平台软件，应是国产软件的主要发展方向。

最后，对于投入成本对 BIM 应用影响，从本次调查的结果来看和前几年相比敏感性明显降低。从应用时间来看，投入对 BIM 应用的影响程度并没明显变化，从应用项目数量来看，随着应用项目的增加，其影响程度有着明显的增加，这说明现阶段还是以项目应用为主，项目的投入是公司推广 BIM 技术的主要投入。从另一个层面也反映出大家对 BIM 技术的认识也在发生变化，在前几年的 BIM 概念导入阶段，行业内存在类似"BIM 是万能的"、"BIM 应该是大而全的"等多种误解，误导大家一开始就希望通过高投入选取大平台立马见效，经过近几年实践，陆续认识到 BIM 技术应用需要分阶段、分节奏，从岗位、项目突破更加实际。

5. BIM 应用的发展趋势

在 BIM 应用的主要推动力方面，BIM 应用最核心的推动力来自于政府和业主，有超过 6 成企业认为政府和业主是推动 BIM 应用的主要角色，分别占比 63.0% 和 60.3%；其次是施工单位（占 44.1%）和设计单位（占 31.4%），被调查对象认为咨询机构（占 7.7%）和科研院校（占 4.0%）对 BIM 应用的推动力最低，如图 2-34 所示。

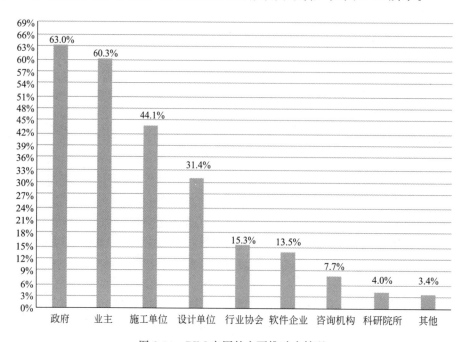

图 2-34　BIM 应用的主要推动力情况

关于现阶段行业 BIM 应用最迫切要做的事，被调查对象认为建立 BIM 人才培养机制和制定 BIM 标准、法律法规对于企业来讲最为迫切，分别占 63.8% 和 60.2%；其次依次是建立健全与 BIM 配套的行业监管体系（占 47.7%）、制定 BIM 应用激励政策（34.1%）；对于企业来说，开发研究更好、更多的 BIM 应用软件是最不紧迫的，仅占 30.4%，如图 2-35 所示。

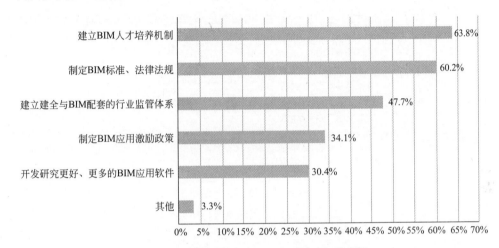

图 2-35　现阶段行业 BIM 应用最迫切的事情

总体上看，企业对 BIM 技术能够帮助项目实现精细化管理是非常认可的，超过 85% 的企业认为 BIM 技术对项目精细化管理帮助非常大或较大，占比分别达 55.9% 和 31.2%；只有不到 3% 的企业认为 BIM 技术对项目精细化管理没什么帮助或者帮助较小，如图 2-36 所示。不同资质企业中的特级企业；不同地域中的华东、华中和西南地区企业对 BIM 技术帮助项目实现精细化管理认可度略高于平均值。

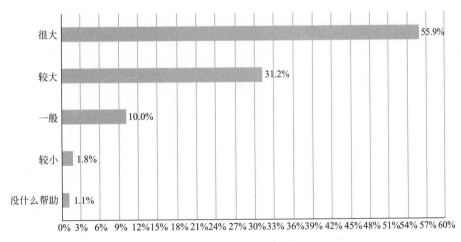

图 2-36　BIM 技术对项目精细化管理的帮助情况

从 BIM 发展趋势看，与项目管理信息系统的集成应用，实现项目精细化管理占比达到 74.5%；其次是与物联网、移动技术、云技术的集成应用，提高施工现场协同工作效率，有 59.2% 的被调查对象认可这一趋势；其他被认可的趋势还包括与云技术、大数据的集成应用，提高模型构件库等资源复用能力（占 44.4%）和在数字化生产、装配式施工中应用，提高建筑工业化水平（占 36.1%）；与 GIS 的集成应用，支持运维管理，提高竣工模型的交付价值并不被企业看好，只有 12.8% 的企业认可这一趋势，如图 2-37 所示。

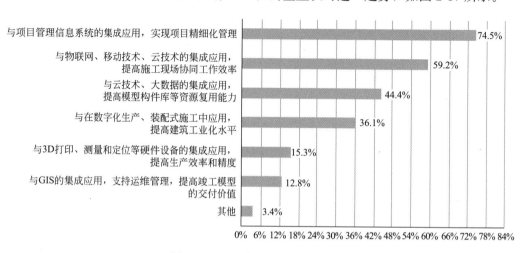

图 2-37　BIM 应用的发展趋势判断

第 3 章　BIM 应用现状——应用模式及案例

通过以上分析以及对 BIM 专家的走访（内容见本书下篇）我们发现，随着近几年 BIM 技术在施工阶段的应用，有相当一部分施工企业对 BIM 技术有了更加客观和全面的认识。不同企业自身的管理模式和管理水平有所不同，引入 BIM 技术时间不同，各阶段对 BIM 的需求也不尽相同。同时，不同企业因选择的 BIM 应用路径不同，在具体应用和推进速度、应用效果也有很大差异。面对这项技术革新，各企业在应用过程中完全照搬别人的做法是不现实的，只能结合自身特点在应用实践中不断总结出适合自己的落地方法。在此，我们从管理需求、应用阶段、应用模式三个角度进行了梳理，最后针对不同的应用模式各选取了 1~2 个典型的应用案例，希望能给大家一些参考！

3.1　施工企业管理需求

按照价值理论的评价标准，BIM 技术和建筑行业以往的其他技术一样，施工阶段 BIM 技术应在节约成本、加快进度、保证质量等方面起到重要作用。面对施工行业普遍的粗放式管理水平，调研和专家访谈中频繁提到管理过程中为实现精细化管理而存在的一些困扰，如企业有完善的标准化管理体系、管理制度，但在具体实施过程中出现较大偏差，甚至落实这些标准成为企业、项目的负担。项目技术部有完整的技术方案、作业指导书，但在作业现场却无法落实。BIM 技术能否和管理相结合解决此类问题？具体的管理需求应体现在两个层面：项目实施过程中的管理需求和企业管理中的管理需求。

3.1.1　项目的管理需求

围绕着技术、商务、生产三条管理主线，项目部各岗位各司其职，但又需要相互配合，既要解决协作过程中的信息沟通效率问题，又要确保信息的生产者提供正确的信息源。现场出现的管理偏差应及时传递到决策层，便于决策层整体掌控项目实施风险。同时，项目决策层之前识别出的高风险事项，应能实时告知一线的实施人员并提醒实施人员需要高度重视，如作业层专注于抢工而没有做到"工完场清"，可能导致工作面交接拖冗，有工期延误甚至分包索赔的风险。决策层及时获取这一信息后可以快速干预，避免风险扩大。另外，每个项目作业前都要编制施工方案和作业指导书，但限于工程师的水平参差不齐，编制的文档可能无法实施，甚至会误导现场作业人员，长此以往，作业人员不愿意用。同时，历史项目上一些优秀的作业文件却无法共享，这些都是项目部相对普遍的管理难题。

3.1.2　企业的管理需求

现阶段一级以上施工企业基本都具备本企业的标准化管理体系，包括应用中的信息化管理系统、纸质版的各类管理手册等，但普遍存在执行和落地不到位的情况。信息化管理系统应该融入公司部分管理思想，企业管理手册、制度等同样是约束公司整体管理方法、考核标准等公司的整体要求。分析背后原因可能有几方面：第一，通过信息化系统进行管理的企业，信息化管理系统初步设计时更多考虑服务于企业管控，而忽略项目部本身的管理需求。项目部为了填报而填报，因增加项目负担而造成项目数据收集困难，最终影响企业标准化管理的落地。另外，还存在部分企业购买了远高于自身管理水平的信息化系统，落实过程中自上而下都很难适应。第二，无完整的信息化系统或刚开始试用传统信息化系统的企业，还是以原有各类"手册"等企业文档作为管理依据，而缺乏具体的实施指导方法。另外，有个别企业并未按自身企业特点制定有针对性的管理体系，而是直接借用其他企业的管理体系，最终都会影响公司管理体系的落地。

3.1.3 BIM 的管理价值

通过此次调研我们发现，除了可以利用 BIM 技术解决一些岗位难点外，无论是项目实施层还是企业管理层都集中反映出企业管理体系的落实难点。BIM 技术可以利用模型作为载体的技术特性在一定程度上解决这一问题，同时 BIM 技术可以和企业现有信息化管理系统，或与公司传统管理体系集成或融合，解决公司项目"两层皮"的现象，最终解决公司管理体系的整体落实。当然在具体集成中可能会涉及对原有管理体系的调整，具体体现在以下三个方面：

首先，BIM 技术可以促进施工管理技术能力的提升。比如，通过碰撞检查提升图纸审查能力和深化设计能力，通过施工模拟提高施工方案编制水平和方案交底效率，从而有效降低施工过程中的返工。利用 BIM 技术模拟施工总控计划，结合 BIM 模型上负载的时间、成本数据信息，对施工过程中需要投入的资源、总体施工节奏进行更加直观的呈现，既可以为施工资源投入进行均衡性评估，为计划优化和调整提供数据支持，也可以针对潜在的风险提前制定应急预案，最终提高计划的可行性。企业管理层利用 BIM 技术提供的上述信息可以更加直观了解项目、提前识别风险。相比传统的文档和报表，管理层更容易获取项目信息。

其次，BIM 技术可以提升行业信息化水平，推动施工项目精细化管理。在项目层面，将企业的管理标准、工程做法、质量标准等大量业务信息与 BIM 模型集成后，各管理层通过移动端、云技术等获取自己需要的信息，支持各岗位管理活动。将公司管理要求直接推送相应岗位，实现信息共享，有效提高项目沟通效率。同时，各岗位的过程管理信息实时汇总到 BIM 平台，通过企业的考核标准实时对比，并通过企业的考核规则预警提示。企业层和项目层按照公司的管理分工获取不同维度的项目信息，由原来的结果管理转向过程动态管理，随着 BIM 技术的深度应用和更多项目管理的数据积累，过程中形成的大量数据可采用基于大数据存储、分析和挖掘技术，形成可复用的 BIM 知识库，持续提升 BIM 数据价值，最终提升施工项目精细化管理水平。

最后，BIM 技术可以促进行业管理模式的提升和创新。BIM 技术以其固有的技术特点带来了一种全新的沟通方式，由原来人对人的网状沟通方式转换成基于 BIM 模型的放射状沟通方式。BIM 技术可与项目管理集成应用并为项目管理提供技术和专业数据支持，BIM 技术应用过程中，将会产生大量的可供深加工和再利用的数据信息，满足现场管理的同时还是数据的生产方。项目管理系统解决了从企业到项目、项目与项目之间的协同管理问题，在协同过程中，成为业务数据的适用者，两者的结合，可有效提高业务数据的准确性和利用率。这种应用模式必将对原有的管理模式产生影响，形成一种创新的管理模式。

3.2　施工企业 BIM 应用方法

BIM 技术应用是系统性工程，要实现上述 BIM 价值并非一蹴而就，按李云贵先生的话说，就是要"控制好节奏"、"找对方法"。不同阶段有不同的方法，也有不同的价值。经过近几年的应用，不同企业应用 BIM 技术的时间不同，正处于不同的应用阶段。在具体应用过程中，有些企业也曾走过弯路，取得一定成果的同时，也积累了一些应用方法和教训。总体来看，基本要经历项目试点、公司总结推广、系统集成这三个阶段，当然这三个阶段并非严格的串行过程，各公司可以结合自身的积累和资源投入，通过选择不同的应用方案实现 BIM 落地，下面分别就各阶段的应用内容和实施方法做简单的总结。

不同应用阶段的企业也在采用不同的应用模式，大致总结一下有三种，即岗位应用模式、项目协同应用模式、公司集成应用模式，目前以前两种模式为主，但越来越多的企业开始考虑公司集成应用了。

3.2.1　项目试点阶段应用方法

项目试点是公司推广的基础，项目试点适用于初次引入 BIM 技术的企业，可以从一个项目开始，也可以同时在多个项目上同时试点。试点前应明确试点目的，除了业主或项目自身需要外，应综合考虑公司推广 BIM 技术的目的。试点时要充分发挥 BIM 中心的带动作用，在试点过程中实现人才培养和应用方法总结，为公司推广做准备。根据目前的 BIM 发展速度，从一个项目逐个试点可能会影响推进速度，可以采用多个项目并行试点，在不同项目上选择不同的岗位试点。

1. 项目试点目的

（1）实现 BIM 人才培养和团队组建。包括类似建模、模型检查等基础性人才，以及运用 BIM 应用平台的人才储备，这类人才是 BIM 推广和落地的基础要素。不建议采用外包替代，但可以利用 BIM 咨询方提供培训服务。试点前应该对 BIM 人才有明确的要求，比如人员数量、人才结构、不同人才的考核标准和方法。

（2）学习 BIM 相关软件的操作，并能解决项目具体问题。根据试点项目需要，结合人才培养计划，有节奏、有选择地对 BIM 软件进行学习。项目部人员建议只学习和本岗位工作有关的内容，利用软件解决自身管理问题，BIM 中心人员对软件的学习应相对全面和深入。

（3）对 BIM 应用点和应用方法总结，总结出在试点项目已经实践的应用点，并总结形成各岗位利用 BIM 软件解决问题的方法，包括选择软件的方法、人才培养方法、人才考核方法等都属于应用方法，需要认真总结。这些方法的总结既可以为后续其他项目应用提供指导，同时也可以解决 BIM 人才流失带来的困扰。

2. 项目试点的有效方法

（1）选择合适的应用项目。选择试点项目时要综合考虑项目体量、管理人员意识、项目施工节奏及业主要求等多种因素。大项目的技术需求比较明显，管理团队对新技术的接受相对容易，但大项目工期紧张，学习精力相对受限，小项目则相反，所以要综合考虑。

（2）事先制定应用方案。应用方案包括项目应用目标、软件选择、人才培养目标及考核标准，在具体方案的指导下展开 BIM 应用既可以避免盲目的投入，又有利于试点目标实现。

（3）对应用过程和成果进行量化考核。包括应用过程的考核方法，具体应用成果的呈现方式，可量化的验收标准。考核是对应用效果的度量，也是对是否实现目标的评价，但考核标准是需要不断优化和调整的。

（4）试点期间不断总结和优化应用方法。应用方法是项目试点的最重要输出之一，好的方法可以指导项目快速复制，方法包括本项目所用 BIM 软件的功能特性、解决具体问题的方法、各岗位应用清单和操作方法。

3.2.2　公司推广阶段应用方法

通过项目试点，在公司有了一定的人才和应用方法的积累，在此基础上实现 BIM 技术在更多项目上的应用，并在应用中不断优化原有的方法，同时不断丰富自身企业的 BIM 人才结构。推广阶段更加注重项目、公司的协同配合，调研也发现企业越重视，推广效果越明显，公司的重视不仅仅是简单的资金投入，包括公司系统性的规划，甚至领导层的直接参与。调研表明，有相当一部分企业在试点期间就对公司的推广做了系统性的规划，包括试点节奏、人才培养计划、BIM 软件的可拓展性等。下面从公司推广条件和推广方法两方面做简单总结。

1. 公司推广时需考虑的因素

（1）有一定的 BIM 人才储备。基础性人才培养完成后，基本具备项目复制和推广的条件，后续人才培养按照公司的整体规划有节奏分批进行。

（2）总结形成了一定的应用方法。后续项目有了可参考的应用方法，在此基础上不断地细化和补充，尽量降低 BIM 人才流失而对 BIM 推广工作带来的影响。

（3）公司整体对 BIM 有一定的认识。通过项目试点使得公司大部分人员对 BIM 技术都有所了解，而不是仅停留在 BIM 中心和试点项目范围内，最关键的是公司领导层要有客观全面的认识。

2. 公司推广的方法

（1）利用好总结成型的 BIM 应用方法。这些方法都是本企业在应用实践中总结形成的，而不是直接照搬其他企业的方法，外部企业、BIM 咨询方等提供的方法因没有结合自身企业特点和实际情况，只能作为借鉴，不能简单套用。

（2）推广过程中应不断丰富和细化前期总结的应用点。BIM 技术的应用也是由浅入深，总结的方法不可能在任何条件下都适用，因此需要有不断丰富和细化的过程。随着应用深度和广度的变化，还会对公司管理模式产生影响，也需要不断总结和优化。

3.2.3　系统集成阶段应用方法

施工企业应用的各类项目管理软件众多，基本覆盖了项目管理的各个环节。按照应用领域的不同，可分成项目专项管理工具集成和项目综合管理系统集成两类。BIM 技术对传统的管理模式会产生很大的影响，和项目综合管理系统的集成过程势必会影响企业原有的管理方法，甚至对公司的部门设置进行调整，影响面比较广，集成过程相对复杂。相比之下，和专项管理工具的集成对管理的影响有限，且可以分步完成。下面就这两种集成方法分别进行介绍。

1. BIM 技术和专项管理工具集成方法

目前常用的专项管理工具有进度管理软件、成本管理软件、物资集采软件、资料管理软件等，和这些工具集成时应充分发挥 BIM 模型本身的特性，和 BIM 技术对施工过程信息跟踪及时的特点：

（1）和进度管理软件集成后，利用 BIM 模型提供的工程量对计划的资源投入、物资消耗进行均衡性分析，过程中可以利用 BIM 平台收集的实际进度信息进行偏差对比和预测。

（2）和成本管理软件集成后，前期可以通过 BIM 平台获取模型量进行成本测算，获取过程收支信息、过程偏差对比和后期成本预测。

（3）和物资集采软件集成后，可以直接获取物资使用计划，甚至为物资出入库、消耗盘点等精细化的物资管理提供详尽的过程数据。

（4）和资料管理软件集成后，可以利用 BIM 平台将过程资料直接推送到各管理岗位，督促和提示各岗位按照施工节奏完成资料填报。

2. BIM 技术和项目综合管理系统集成方法

这类集成对企业的原有管理体系有系统性的影响，集成周期长，集成前应综合考虑企业自身的管理特点和发展水平，对管理需求进行系统性梳理，有时大而全的系统反而会成为管理负担。其中常见的集成方法有以下三种：

（1）采购 BIM 应用软件与已有项目管理系统集成。适用于现有的项目管理系统完全满足企业管理要求。主要是希望通过 BIM 技术解决项目信息填报劳动量的问题，提高项目信息的及时性和准确性，集成后可能系统会比较庞大。

（2）采购并应用基于 BIM 的项目管理系统。适用于没有项目管理系统，或原有管理系统比较复杂、使用率低的企业，通过采购第三方标准化的 BIM 管理平台实现。此类 BIM 集成平台可能无法满足企业所有的管理需求，需要考虑平台的可拓展性，以满足企业后期的升级需要。

（3）定制开发基于 BIM 的项目管理系统。适用于对原有项目管理系统有相对清晰优化建议，对企业原有管理模式有明确创新需求的企业，结合 BIM 技术特征能规划出较为完整的项目管理方案，这种方法实现周期比较长。

3.3 施工企业 BIM 应用案例

3.3.1 万达 BIM 总发包管理平台应用案例

1. 背景介绍

万达是全球领先的不动产企业，2015 年所持有的物业面积已为世界最大规模。基于对房地产未来发展趋势的分析，万达从 2014 年开始进行全面转型，商业地产作为万达集团的核心产业，已由重资产向轻资产全面转型。为确保轻资产项目的规模化发展，2015年万达集团在"总包交钥匙模式"的基础上再次进行创新性变革，引入以 BIM 技术为基础、通过项目信息化集成管理平台进行管理的"BIM 总发包管理模式"，万达是全球首家采用这种模式的企业，这一模式也被誉为全球不动产开发建设史上的一次革命。

2. 平台简介

BIM 总发包管理平台（以下简称 BIM 平台）其核心是万达方、设计总包方、工程总包方、工程监理方在同一平台上对项目实现"管理前置、协调同步、模式统一"的创新性管理模式，如图 3-1 所示。BIM 模式成果，把大量的矛盾（设计与施工，施工与成本，计划与质量）前置解决、注入模型、信息化实施。项目系统过程中的大量矛盾通过 BIM 标准化提前解决，减少争议，大大提高了工作效率。这是管理格局的一次突变和革命。

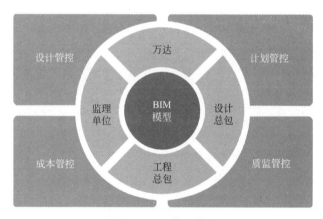

图 3-1　BIM 管理模式

BIM 平台经过将近两年的持续研发工作，万达 BIM 总发包管理模式初步形成了模型、插件、制度、平台四大成果。BIM 平台作为其中的一项重要研发成果，为各项成果应用落地提供了平台支撑，在有效承接各项设计成果的同时通过标准化、可视化、信息化的平台应用，进一步提升项目管理能力。

3. 平台整体架构

BIM 平台实现了基于 BIM 模型的 6D 项目管理，将各专业 BIM 模型高效集成的同时，也实现了计划、成本、质量业务信息与三维模型的自动化关联，从而提供更加形象、直观、细致的业务管控能力，如图 3-2 所示。应用过程中，万达方、设计总包、施工总包、监理单位等项目各参与方可以打破公司、区域限制，围绕同一个 6D 信息模型方便地开展设计、计划、成本、质量相关业务工作，实现基于 BIM 模型的多方高效协同和信息共享，是一种创新的工作模式。

BIM 平台对万达现有项目管控体系进行信息化集成，将万达多个业务管理系统有效整合起来，为项目管理人员提供了统一的业务门户，实现了管理流程优化，从而大大提高管理效率，也是对传统项目管理模式的一项变革。

BIM 平台采用了混合云的技术架构，实现 6D 模型展现的同时也实现了海量云端数据的快速处理，既提升了平台性能和应用效率，也摆脱了对计算机硬件和专业应用软件的依赖，用户可以通过浏览器、手机方便快捷地访问平台开展业务，如图 3-3 所示。

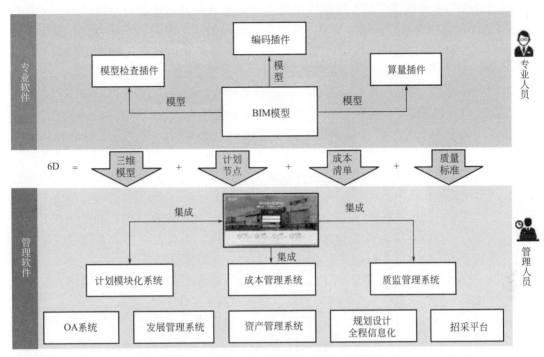

图 3-2　万达 BIM 总发包管理平台整体架构

图 3-3　BIM 平台模型浏览

4. 平台与管理

从技术架构层面来看，BIM 平台对原来的管理系统没有产生本质的影响。BIM 平台既支持原来的总包交钥匙模式，又支持现在的 BIM 总发包的模式。

万达 BIM 总发包模式是基于设计标准化、带单发展、带单招商和 BIM 模型信息化自动算量，并通过工程总包合同签订的两个阶段《总承包年度合作协议》和《总承包单项合同》，实现真正的"包成本、包工期、包质量"的一种万达特有的发包模式。

BIM 总发包管理模式开创了围绕三维模型进行项目全过程管理的先河，BIM 平台作为 BIM 总发包管理模式的基础与核心，在平台上用户的业务和管理工作可直接基于三维模型开展，各种业务信息可与模型自动化关联，实现了基于 BIM 模型的高效协同和信息共享，是一种创新的工作模式。

对用户来说，入口统一在一个工作平台。通过判断，如果是 BIM 总发包用户，就走总发包的入口，如果是总包交钥匙用户就走总包交钥匙的入口，进入入口后再开展工作。所以技术架构上原有的工作模式和现有的工作模式是共存的，在使用上没有出现大的难题。

展开来看，横向维度上：BIM 平台深入到了各业务系统的管理中。BIM 平台可帮助用户实现多项目管理，提供基于云端的标准化、规范化、结构化的文件管理，解决了传统模式下文档共享、传输过程中存在的效率低、协同困难、版本混乱问题；此外用户无需安装专业软件，可直接通过浏览器查看多专业的集成模型，形象直观获取多维建筑模型信息，实现基于模型的项目建设全过程监控。

同时平台对接了原有的设计、计划、质量、成本业务，为万达各业务部门、设计总包、工程总包、工程监理等项目相关方提供了统一的业务工作平台。

计划管理部分，是以 BIM 模型为载体，通过万达标准编码体系，将计划节点与模型关联，实现了计划管理工作可视化。用户在平台上基于三维模型可直观查阅整个项目 200 多个计划节点的模型分布，同时可以在平台上模拟整个施工建造过程，从而快速预判进度风险，做到事前策划和管控，预先采取规避措施，最大程度降低风险成本，如图 3-4 所示。

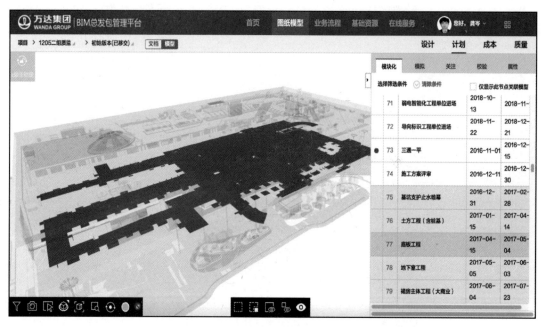

图 3-4　BIM 平台进度节点模型查看

质量管理部分，主要利用 BIM 技术，规范了质量管理流程，使质量管理工作有据可依，标准统一，实现了质量管理工作的可视化、可量化。首先，将验收标准植入了 BIM

模型，使质监中心、项目公司、工程总包、监理单位等各参与方对工程实体进行检查验收时，做到了标准统一；其次，基于模型信息预设了 27 类质量检查点（每个项目的数量6000 左右），不但给业主方提供了透明的管理依据，而且业务人员在开展项目质监工作之前就能直观了解工作重点，避免检查部位和检查内容漏项，各检查单位的质监工作也实现了量化考核。同时所有检查工作结果及隐患整改情况会在模型上实时显示，用户可及时、直观跟踪项目质量。除此之外还支持移动端实时拍照、隐患记录和多方跟踪的技术手段，如图 3-5 所示。

图 3-5　BIM 平台质监系统预设点

成本管理部分，基于 BIM 模型的精确算量，实现了建造成本管理形象化、直观化，可以实时获取模型成本数据信息，分析建造过程的动态成本，实现成本的有效控制。在发生变更后，平台通过对各版本的模型和成本数据的管理，为用户提供了变更版本与原始版本的模型差异及工程量对比的展示，方便用户及时洞察成本异常状况，控制变更，如图 3-6 所示。

纵向维度上：BIM 平台也在项目建造过程中扮演着重要的角色。产品设计和项目发包阶段，利用 BIM 技术三维可视、多维信息输入的特点，让总包方明确甲方建设意图。

建设实施阶段，信息化集成管理平台与可视化模型结合，运用 BIM 技术对建设过程及成果进行即时的协同管理，真正实现在建设实施过程中四方对项目的同步协调、统一管理。

验收交付阶段，工程总包通过 BIM 平台完成竣工图纸及 BIM 模型的交付，为万达广场后期的大数据分析及智能化广场运营奠定了信息化基础。

5. 阶段成果

BIM 平台于 2017 年 1 月份正式发布，目前已成功完成 10 多套标准模型的研发，标准模型上线后设计模型研发效率提升了 70％。平台应用规模上，目前已上线应用的项目达百

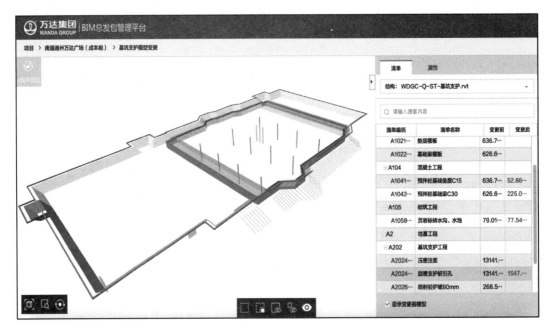

图 3-6　BIM 平台成本变更模型对比

余个，用户数量 1 万多人。其中 BIM 项目在不到 1 年的时间里，已有 10 多个项目持续应用到施工建造阶段的计划管理、质量管理、成本管理和项目变更等业务，尤其质量管理的深度应用得到了万达内外部用户的一致认可。此外平台研发至今，研发成果得到国内外同行高度评价，多项技术填补了国内外行业空白，也已获得多项 BIM 知识产权，积极推动了整个行业 BIM 技术的创新与应用。

6.经验回顾

（以下部分内容摘自：公众号〈万达 BIM 官微〉文章：【管理动向】助力 BIM 研发落地万达中区项目管理中心探索 BIM 总发包管理模式）

回顾 BIM 技术过去的推广经验，在万达中区项目系统推广初期，在分析了本系统 BIM 应用现状后，针对项目实际情况，推出了多项提升措施，树立 BIM 应用标杆项目；积极配合集团 BIM 总发包研发工作，培养 BIM 总发包试点项目，在 BIM 应用实践中稳步前行！

（1）群策群力，分析 BIM 应用现状

中区项目系统在 2014 年初便提出《项目经营策划书》管理理念，要求《经营策划书》在"设计管控方案"中增加 BIM 设计专篇，明确设计团队、设计范围、实操计划。然而在 BIM 实际应用中仍存在诸多问题，主要体现在：

1）专业知识欠缺

项目公司、总包单位虽然设置了 BIM 专业工程师或引入外委 BIM 团队，但大多数为 BIM 软件建模人员，缺乏实际设计、施工实际经验，BIM 模型对施工指导意义有限。

2）设计生产脱节

个别项目 BIM 应用和项目施工两条线，"先施工、后 BIM"，照搬照抄他人成果，不能对号入座，设计与生产脱节。

3）思想重视不足

个别项目"讨价还价"、"伸手要钱"，忽略 BIM 对减少拆改、成本节约、工效提高的积极意义。

4）应用范围有限

现阶段大部分项目仅将 BIM 设计应用于"机电管线综合"，而机电与结构、机电与内外装结合不够，应用管理层面深度不足。

（2）多管齐下，夯实 BIM 运用基础

针对 BIM 技术应用中存在的问题，中区项目中心建立了以"推总包、抓培训、抓管理、树标杆"为核心的 BIM 技术应用推广思路，并从 2016 年 2 月份起全面实施，狠抓落实。

1）推总包

充分调动总包积极性，发挥总包在交钥匙中的作用。今年 2 月份伊始，项目中心先后 6 次与中建一局、2 次与中建二局在集团反复修正 BIM 应用方案，确保对号入座；同时，在烟台开发区、昆山项目与中建二局局领导召开"总包交钥匙与 BIM 应用落地"现场会，明确了"总包牵头，兼顾分包"的 BIM 应用推广思路。

2）抓培训

开展多层级的"BIM 总发包"培训。项目中心组织各局万达事业部、项目公司、项目经理部、监理公司人员分别于 2 月、4 月份进行了"BIM 总发包管理集中专项培训"，累计参训 170 人次。

3）抓管理

月度视频会推进 BIM 应用进度。通过每月初总包交钥匙项目月度述职会，梳理项目 BIM 设计、应用进度，分享实际操作过程中的经验，解答项目困惑。

4）树标杆

2015 年 11 月份，中区项目中心、商业地产计划管理部、质监中心，中建各局组成联合巡检小组，对中区 14 个总包交钥匙项目，从项目经营、计划管控、实体质量、BIM 应用四大方面进行了巡检评比，选出 BIM 应用优秀单位——烟台开发区项目，并于 2016 年 3 月 18 日举行了"总包交钥匙 BIM 观摩大会。"

（3）培养试点，确保 BIM 总发包落地

集团将 BIM 总发包研发成果的第一个试点项目选在了中区南通通州轻资产项目，它的启动标志着集团"BIM 总发包模式"由科技研发阶段进入到成果应用阶段，其试点成果将为 2017 年"BIM 总发包模式"全面推广奠定基础。中区项目中心高度重视，从"建体系、抓落实、勤复盘"三个方面，全力推进集团 BIM 总发包试运行。

1）找准定位，明确试点目标（表 3-1）

各部门的工作内容　　　　　　　　　　　　　　　　　　　表 3-1

试点牵头部门	试点内容
集团 BIM 工作站	族库、编码、插件、标准、平台、标准模型
项目管理中心	规范操作流程 确定组织架构 计划模块、成本目标管控 安全、质量监管

续表

试点牵头部门	试点内容
项目公司	项目设计模型变量、设计条件反馈 设计总包、施工总包、监理各方协调组织

2）专职团队、做好体系保障（图 3-7）

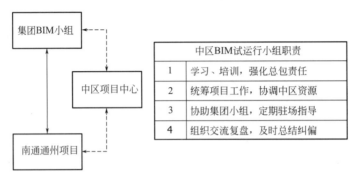

图 3-7　BIM 管理模式

3）整合资源、做好技术保障

系统内：中区项目中心将选拔 BIM 专职人员，对试点项目培训，组织试点项目学习，确保项目掌握集团 6D BIM 技术应用。系统外：指导设计总包、工程总包、监理单位提前介入 BIM 建模、校模工作，确保步调一致。

4）例会、复盘，纠偏

中区项目中心将通过组织周例会、现场交底会以及阶段复盘会：收集项目 BIM 试运行中的问题，总结阶段经验，协调项目推进中问题。在模型校对、信息录入阶段牵头组织现场指导、答疑解惑，保证试点项目进度、质量、效果。

3.3.2　湖南建工集团企业 BIM 云平台整体规划案例

1. 平台规划背景

湖南建工集团有限公司成立于 1952 年 7 月，是一家具有综合实力的大型企业集团。集团生产经营资本 200 多亿元，年生产（施工）能力 2000 亿元以上，连续 13 年入选"中国企业 500 强"、"中国承包商 80 强和工程设计企业 60 强"，连续 17 年荣获 86 项中国建设工程鲁班奖。

集团在发展过程中仍存在着一些问题。例如企业无法及时、准确了解项目经营状况，从而无法集约化管理物资、资金、劳动力等资源。项目标准化施工和精细化管理程度较低，体现在公司各业务部门的控制指标不完整、不够清晰具体等等，使得运行效率不够高。这些问题背后有一个重要原因就是项目信息无法实时采集、录入、流通，项目的信息流无法和业务流打通，使得企业和项目的管理难度增加。

为了整体提升企业和项目的精细化管理程度，湖南建工集团有于 2014 年 9 月正式引入 BIM 技术，启动了 BIM 技术的推广应用工作。经过 3 年的思考与实践形成了具有"湖南建工特色"的 BIM 应用体系。2015 年开始，湖南建工集团在省内施工行业率先启动了

BIM 技术的推广应用工作，开始建立基于 BIM 应用的"项目施工管理模式"，通过项目级 BIM5D 的应用，在集团内部形成了 BIM 应用的良好氛围，构筑了 BIM 应用的坚实基础。2017 年 4 月湖南建工在集团第五次 BIM 技术大会上提出从数字化项目到信息化公司，打造基于 BIM 的项目信息一体化管理平台。在广联达公司的技术支持下，集团搭建了企业 BIM 云平台，掌握 BIM 与企业管理系统和其他信息技术的一体化集成应用，为两年内深入运行企业 BIM 云平台打下基础。自湖南建工企业 BIM 云平台搭建以来，集团各分子公司云平台项目持续更新，为集团决策层的管理工作提供数据支持。湖南建工发挥集团建筑领域龙头企业优势，在 BIM 应用之路上坚持探索发展，不断深入创新，信息化企业的构想正一步步变为现实。

2.平台建设目的

湖南建工在 2015 年提出了建筑企业拥抱"互联网"的三部曲"数字化项目、信息化公司、互联网企业"，通过打造企业 BIM 云平台来实现以下三个目标：

（1）通过 BIM 平台的打造，对管理需求进行系统性梳理，找到 BIM 技术和企业管理体系的结合点；从而进一步整合集团资源，打通业务间的协同，以及找到集团在 BIM 技术应用上后续需要进一步优化和完善的方向。

（2）通过数字化项目、信息化公司和互联网企业三级 BIM 应用工作的开展，搭建集团的 BIM 架构体系和 BIM 人才梯队。

（3）通过 BIM 平台建立的探索，结合企业自身的特点，积累企业管理标准和数据库的同时，形成一套 BIM 在施工企业推广的方法论，并在实践中不断优化，为同行业提供参考。

3.平台整体规划

（1）整体实施步骤

湖南建工的企业 BIM 云平台分数字化项目、信息化公司、互联网企业三个阶段实现，现阶段企业正处于从数字化项目向信息化公司过度的阶段。以下是企业在这三个阶段需要实现的主要任务。

1）数字化项目

企业以 BIM 模型为核心，围绕项目管理基础工作，展开单项工具级和跨岗位的协同管理应用，形成"一心六面多岗"的项目管理模式。做到"三全"应用：围绕全领域、贯穿全过程、覆盖全岗位。

2）信息化公司

技术驱动和管理协同的运用，使得越来越多的数字化项目应运而生，需要将各个项目的数据上传给公司，激发了向信息化公司发展的内生动力。在这个阶段，企业一方面需要通过整理积累 BIM 技术采集的一线信息，结合企业已有的经验数据，建立企业自身的技术标准体系。而另一方面，企业要抓住机遇，通过系统化的管理流程、协同化的管理系统以及专业化数据加工，深度破局变革。

3）互联网企业

通过聚合资源，融合创新的手段，将 BIM 承载的工程数据与互联网共享模式以及新技术实现资源合理配置，引领行业朝着 EPC、BOT、IPD 方向进行业务模式深化变革。同时，企业通过 BIM 技术应用能力做支撑，延伸自身的业务领域，开辟新型产业。

（2）BIM 平台技术架构

湖南建工企业云平台及其配套系统以企业云平台为集成平台、数字化项目为操作平台、各专业管理系统为应用平台。依托"三端一云"（Web 端、手机端、PC 端、企业云），通过各专业系统将项目建设过程中真实、准确的数据自下而上高效汇集至企业云端，依据内嵌算法快速完成数据统计分析、专业应用、决策支持等环节的价值实现。

（3）BIM 组织架构规划

建立总部 BIM 中心、分子公司 BIM 分中心和项目 BIM 工作站三层架构，立体化推进 BIM 应用工作。总部 BIM 中心引领集团 BIM 全局工作，是集团 BIM 发展的大脑，集团 BIM 中心负责汇总数据，进行指标化运行，为企业管理提供预警，为企业决策提供依据，为重大决策提供数据支撑。分子公司 BIM 分中心统筹各分子公司的 BIM 工作，承上启下，是集团信息化的枢纽；项目 BIM 工作站扎根项目 BIM 工作，是 BIM 技术应用的触角。除了在项目实施中提升 BIM 应用能力以外，还通过建立 BIM 学院，全方位培养学员的 BIM 理论知识和实际动手能力。

4. 平台建设过程及阶段成果

平台的完整建设包括了平台系统搭建，组织结构确立及应用标准制定三个方面。每个方面从规划到详细计划都需要一个过程，在实施过程中进一步明确方向并确立具体的要求。三个方面的工作都并非一次性成型，而是在进程中边建设，边应用，边总结，边优化。

（1）企业 BIM 云平台系统搭建

企业平台分为经营合同、生产管理、经济指标、资金管理、效能分析五大模块，五大模块的数据汇总来自项目层面相对应功能模块的数据统计。其中经营合同模块从产业构成、投资类型、专业资质、项目规模、地域分布、业主库详细分析企业经营合同情况。生产管理模块能够帮助企业全面把控项目生产进度情况，辅助预判分析。经济指标与资金管理方面基于海量项目真实数据，体现企业经济指标，分析当前产值、成本、效益趋势及同期对比，实时反映整体资金动态。绩效考评方面可以将集团业绩考核指标及计分办法挂接至各项目、各管理部门端口，自动评分并统计公司年度排名。

企业超级管理员通过授权管理工具对企业组织结构进行编辑更新与管理；对相关人员进行角色授权；对新增项目进行对应组织挂接。最终实现企业云平台与业务体系的各个部门、各个细节相融合，综合提高企业管理运营水平，实现智能管理。通过准确、及时、全面的大数据分析，云平台能够帮助企业实现对人、财、物的全面管理和控制。企业决策层登录企业云平台，在庞大的企业 BIM 数据库中，可快速获取相关管理信息，从不同来源的数据中获取新的洞察力。

截至 2016 年 12 月，共上线项目 152 个，项目总合同额为 1187989.54 万元，累计产值 1119658.84 万元。进入企业云平台各功能模板能够分别获得不同维度的统计信息，包括：投资类型分析、专业资质统计（图 3-8），生产管理板块的主要信息（图 3-9：根据进度管理目标，进度正常项目 109 个，进度滞后项目 43 个），资金管理板块分析（图 3-10）、效能分析（图 3-11）等主要信息。

（2）企业云平台业务闭环体系建立

企业依据业务场景和岗位对业务流程进行还原、梳理、优化和串联，形成标准统一、

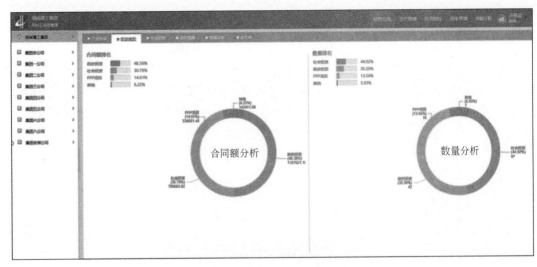

图 3-8　企业云平台-经营合同界面

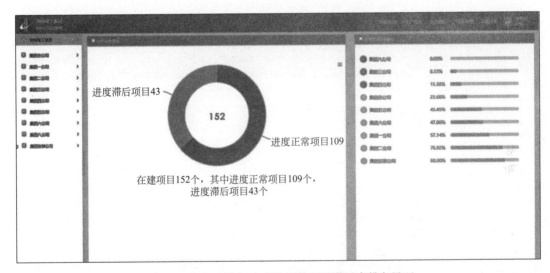

图 3-9　企业云平台-生产进度管理及滞后率排名界面

业务闭环的体系。在统计分析及专业应用环节，依据项目建设过程，企业云平台及其配套系统中主要相关部门业务工作开展程序可分为两个阶段：

一是准备阶段。项目中标后，首先由市场经营部在企业云平台进行项目合同备案、分配 ID 编码、录入基本信息。其次，由 BIM 中心搭建项目 BIM 模型并上传至企业云平台。最后，由成本控制部编制项目预算成本、编制目标成本，确定资金支付红线，并将预算成本及目标成本上传至企业云平台。

二是项目实施阶段。成本控制部比对预算成本、目标成本、项目各阶段报送的形象产值，编制审核报告上传至企业云平台。集中采购部从企业云平台调取所有项目材料需用计划，通过集采系统按计划节点批量进行采购。工程管理部通过企业云平台核实项目进度、核查项目资料。财务资产部依据企业云平台呈现的项目支付红线，通过财务系统对项目进

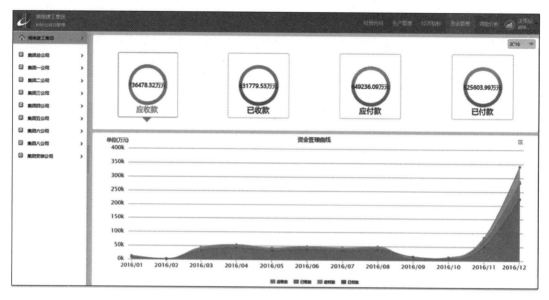

图 3-10　企业云平台-资金管理界面

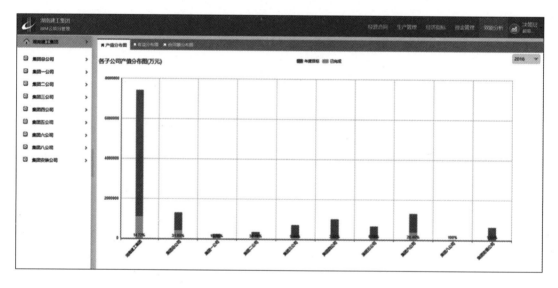

图 3-11　企业云平台-效能界面

行资金支付。审计监管部通过企业云平台对项目进行过程查阅、监督、审核。项目部通过项目综合管理工具实时采集项目实际进度、成本、生产等信息及大宗材料需用计划上传至企业云平台。

辅助决策环节。基于大数据技术，企业云平台对各专业系统上传的海量进行关联、分类处理、多维度集中呈现（企业管理者可按权限同时设置时间、地域、项目所属单位、项目进度等搜索条件，快捷查看相应的经济、质安等各方面数据；项目管理亦然）。从而让管理者及时、全面掌握业务工作开展现状，发现问题、予以改进，并进一步帮助管理者从不同来源的数据中获取新的洞察力，提高工作计划合理性和决策的准确性。

（3）集团 BIM 组织建设过程

为了更好地推进 BIM 云平台的建立，原有的组织结构需要调整。湖南建工以郴州裕后街项目作为 BIM 试点项目为起点，经过一年多的努力，构筑了湖南建工 BIM 中心、分子公司 BIM 分中心、项目 BIM 工作站三级 BIM 体系，为集团建立 BIM 应用的品牌效应和竞争力打下了良好的基础。集团 BIM 中心设置了一室六处，分别是动画工作室、技术处、行政处、业务处、咨询服务处、模型工作处和 5D 商务处，发挥着引领全局和服务全集团的作用。截至目前，湖南建工在各序列子公司设置了 50 余家 BIM 分中心，负责向下收集收据，经过分解、提炼、汇总后上报集团 BIM 中心，很好地起到了承上启下的作用。基于集团的发展战略及不同业务的特点，为避免由于 BIM 初步应用给集团带来的工作效率降低、短期组织结构混乱等风险，项目的 BIM 工作站特地采用流动站＋固定站的创新形式开展 BIM 工作，小前端，大后台，扎根项目，真正深入一线。

通过汲取 BIM 工作站实时管理一年时间的经验，湖南建工总结了一套 BIM 工作站建站指南，整体规范 BIM 工作站在项目实施过程中的实施思路、BIM 应用价值目标、BIM 应用流程、流动站和固定站协作、项目各阶段 BIM 应用方法步骤及成果提交，完善集团 BIM 标准体系建设，并在集团范围内推广应用。短短两年时间，集团累计建立 180 个工作站，按项目级 BIM 工作站市场咨询服务收费标准，共计完成虚拟产值 9000 万元。

2016 年集团在总部成立 BIM 学院，在全省设四个教学点，采用分批次开班的形式，通过操作层、管理层、决策层三个层面，在建筑、机电、商务等方面对学员进行综合培训。授课方式有课堂集中培训、项目现场轮训和后期继续教育三种形式结合。截至目前，湖南建工 BIM 学院共培养了专业 BIM 工程师 1100 余人，推广和普及 BIM 知识超过 3000 人，打造了一只拥有 50 多名优秀讲师的 BIM 讲师团队。

（4）BIM 实施方法汇总

湖南建工集团总结了包含 200 多项施工技术应用和 30 多项设计技术应用的技术服务清单，每项都配有详细指导方案和流程。同时集团自建了拥有 8 项大类、22 项小类，共计 4600 个族的企业 BIM 族库，覆盖全集团 85％以上项目的建模需求。另外集团还编制了房建领域土建、机电和装饰的三大专业创优图集；用于标准化项目信息传递的规范化 BIM5D 平台操作手册等。受湖南省住建厅委托，经过 1 年多的收集、整理、研究和探讨，湖南建工将多年积累的施工管理经验和 BIM 应用结合，牵头编写出版了《湖南省建筑工程信息模型施工应用指南》（图 3-12），该指南适用于指导施工行业从业者创建、使用和管理建筑信息模型，成为建筑企业开展具体 BIM 实践的操作手册，为行业 BIM 应用水平的提高起到重要推动作用。

5.企业 BIM 云平台优化方向

"十三五"期间，集团层面提出了"经营、管理、产业"三个领域转型升级，"经营模式、商业模式、管理模式、盈利模式"四个模式加速转变等总体工作思路。三个领域转型升级、四个模式加速转变是一个不断积累、提升的中长期工作，迫切需要企业更加深入的探索企业信息化管理体系，进一步加强对企业组织体系与架构建设、工作流程和数据信息流的管理，真正实现企业管理与主营业务的信息化。

目前，BIM 技术已成为数字建造时代建筑业发展方向，与企业管理融合能够让 BIM 技术的价值呈几何倍数的放大。为了对 1.0 版本企业云云平台进行持续优化，湖南建工已

图 3-12 《湖南省建筑工程信息模型施工应用指南》

经启动了"基于 BIM 的建筑企业三级管理系统与工程数据云技术应用研究"，接下来继续加强"流程追踪、BIM 协作、移动端现场应用、指标化管理控制"，重点从 4 个方面进行优化：

一是加强数字化项目建设。完善 BIM5D 和项目指标化工具的优化改造，坚持"技术驱动、管理协同"的方式加强数字化项目建设，以数字化项目为依托，快速、准确获取项目建设中的实际数据，强化项目过程管控。

二是优化服务器。启动企业数字数据中心建设，将正在进行的项目数据存储在外部云服务器，将竣工项目迁移至自建服务器进行长期保存。

三是完善数据库。加强企业业务数据库、成本数据库、技术质量数据库、安全文明施工库、竣工档案库、企业人才库 6 大类数字资产库的建设。

四是完善"三级四线管理"模型。优化当前公司、分公司、项目三级管理体系（如：加强公司集中采购系统、财务系统功能优化并实现与云平台的数据关联，实现更深层面的业财一体化、业采一体化）。依照国家和地方算量、计价标准、企业相应的管理规范等，对内嵌算法进行迭代更新，使各类业务流程的虚拟线、目标线、实际线和评价线等"四线数据"内涵更丰富、信息更精准。

6. BIM 平台建设的建议

（1）企业 BIM 云平台搭建要遵循的三原则

在具体建设过程中，湖南建工专版企业云平台的搭建应遵循以下三项原则：一是管理流程系统化。通过梳理、优化、重构管理流程，将管理流程嵌入到企业云平台，形成规范性、可执行性的操作性准则。二是平台之间协议化。将现有各信息化管理系统与企业云平台通过协议进行互通（其中重点是实现 BIM5D、集中采购系统、财务 NC 管理系统和企业云平台的集成），从而实现信息互联、共建共享。三是数据加工专业化。针对业务的独立性与关联性前置数据处理规则，统一模型建立标准，数据处理标准和数据库搭建原则，实现数据跨系统的流转和输入导出格式多元化、规范化。

（2）人才梯队建设的建议

在人才培养上，建议兼顾企业短期与长期的人才需求，制定整体人才培养、培训计划，注重多专业、多层次的人才梯队建设，储备各专业类别和技术层次的 BIM 工程师。以湖南建工的三级人才梯队为例，BIM 中心总监级别的高端 BIM 人才，除了掌握基础的 BIM 应用技能外，更需要了解企业的运行规律，具有管理思维，对 BIM 中心的整体运转起到担当的角色。对于 BIM 工作站站长层级的中端 BIM 人才，需要具备项目施工经验，能够独立规划 BIM 解决方案，负责工作站的日常工作。而对于基层的 BIM 软件操作员，需要擅长搭建 BIM 模型，掌握各项软件应用点，助力项目上的技术、生产工作提效。

（3）BIM 标准的制定

企业制定 BIM 标准应明确企业 BIM 组织实施管理模式、团队构架、模型要求、管理流程、各参与方协同方式及各自的职责要求、成果交付标准等六个方面。企业应根据自身的经营范围、项目大小、业主需求找到应用 BIM 技术的最佳途径，逐步制定企业内部 BIM 实施策略和标准。要把握好"两个接口"和"一个整合"的问题。一是解决好与国家和行业的技术标准、技术法规、技术规范的"标准接口"。二是解决好企业系列标准体系中"各子体系接口"的问题。三是把企业标准体系同企业一体化管理体系整合起来。

企业在制定和推广标准的过程中，一是要重视标准的修订，建立标准修订机制，对标准进行不断的完善、丰富和创新。二是要制定有效的监督标准执行手段或方法，确保标准实施落地。三是标准要能够为工程建设全过程、全专业和所有参与方提供 BIM 项目实施标准框架与实施标准流程，为 BIM 项目实施过程提供指导。

作为施工企业，应该围绕建筑产品的生产和服务过程，建立健全企业的技术标准、管理标准和工作标准体系，通过推进、加强标准化管理，实现施工过程的规范管理和安全生产，为社会和业主提供优质的建筑产品和良好的服务。

3.3.3　北京新机场航站区工程项目 BIM 应用案例

1. 项目概况

（1）项目基本信息

北京新机场航站区工程项目（图 3-13），以航站楼为核心，由多个配套项目共同组成的大型建筑综合体。总建筑面积约 143 万 m²，属于国家重点工程。其中，航站楼及换乘中心核心区工程建筑面积约 60 万 m²，为现浇钢筋混凝土框架结构。结构超长超大，造型变化多样，施工人员众多，对施工技术与管理的要求较高，需引进新技术协助项目施工。

（2）项目难点

1）东西最大跨度 562m，南北最大跨度 368m，结构超长超大，施工段多，这些因素可能会使施工部署及技术质量控制的风险增大。

2）上下混凝土结构被隔震系统分开，节点处理非常复杂，对制定技术方案和技术交

图 3-13　北京新机场航站区整体图

底的细节把控提出挑战。

3）钢结构的竖向支撑柱形式多样，包括 C 形柱、筒柱、幕墙柱托等，生根于不同楼层，不能同时安装，且需要与屋面钢网架结构连接，安装难度大。

4）屋面钢网架结构本身造型变化大，与竖向钢支撑 C 形柱相连，可能造成屋面钢网架结构及室内天花复杂多变，安装难度大。

5）机电系统复杂，机电设计施工图过程调整量大。在机电工程深化设计过程中，所涉专业众多，各系统覆盖面广，交互点多，协同工作量大，可能会给项目施工过程中的协同工作留下隐患。

6）参与单位多、参与施工人员高峰期预计超过 8000 人，人员过多可能会造成现场施工管理混乱等问题出现。

（3）应用目标

为了配合集团公司 BIM 技术推广应用的总体规划，在本项目 BIM 技术应用中，要实现两个目的，第一，解决项目本身管理过程中的问题；第二，验证和积累 BIM 应用方法，为后续的类似项目应用提供经验。在此之前，集团已经在多个房建项目上进行了 BIM 应用，对于房建项目的建模方法、建模标准、项目应用方法等，已经有一定的积累。这些积累成果是否都可以在机场项目上应用？机场项目的 BIM 应用还有哪些特殊的要求？为了实现上述目的，本项目应用中确定了如下四个目标：

1）项目技术管理目标：根据项目特点进行施工部署和技术质量控制、制定技术方案和进行技术交底时注意项目中的难点细节、多造型钢结构的精准安装、项目协同管理及现场施工管理等问题。

2）BIM 人才培养：建模人才、BIM5D 平台应用人才。

3）BIM 应用方法总结与验证：BIM 建模标准的优化、项目部各管理岗利用 BIM5D 进行项目管理的方法总结。

4）新技术应用的探索：GNSS 全球卫星定位系统、三维数字扫描、测量机器人及 MetroIn 三维测量系统、大跨度钢网架构件物流管理系统。

2. BIM 应用方案

（1）BIM 应用内容

针对以上项目难点和 BIM 应用目标，本工程在项目管理、方案模拟、商务管理、动态管理、预制加工和深化设计等六大方面应用了 BIM 技术，如图 3-14 所示。

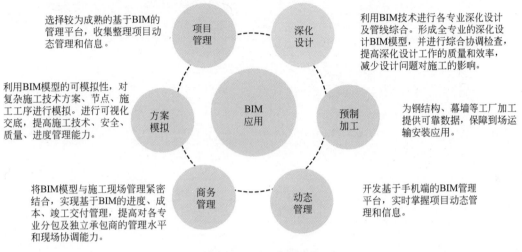

图 3-14　BIM 应用内容

1）项目对包括劲性钢结构施工工艺、隔震支座施工工艺、临时钢栈道方案等技术难点进行 BIM 模拟。

2）通过应用 BIM5D 管理平台，基于 BIM 模型对项目进度、质量、安全、成本和物料进行精确、高效的管理。

3）通过将 BIM 技术与三维扫描技术、放样机器人、物联网等信息技术结合，提高工程信息化管理水平。

（2）BIM 应用策划

1）在 BIM 实施前期，制定相关技术标准，包括《BIM 模型管理标准》、《BIM 技术应用实施方案》、《土建模型标准指南》、《BIM 建模工作流程》、《机电建模标准指南》、《机电三维深化设计方案》等。

2）模型创建及实施方案

本工程 BIM 建模和 BIM 实施采取项目部自施与 BIM 业务分包相结合的方式。

主要的 BIM 业务分工按施工区域分为 4 块，即 AL 区、BL 区、AR 区、BR 区，如图 3-15 所示，其中：

AL 区——北京城建集团有限责任公司 BIM 中心；

BL 区——北京城建集团有限责任公司 BIM 中心；

AR 区——北京比目鱼工程咨询有限公司；

BR 区——CCDI 悉地国际。

3）人才培养方案：建模人才的培养方式为北京城建集团 BIM 中心和 CCDI、比目鱼咨询等公司合作为主，模型应用的人才培养以广联达公司为主。

4）软件选取方案（表 3-2）

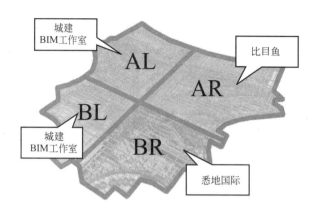

图 3-15　BIM 实施区域划分

软件选取方案　　　　　　　　　　　　　　　　　　　　　表 3-2

软件名称	功能用途	备注
Autodesk Revit	模型绘制、出图	主要软件
Autodesk Navisworks	进度及施工方案模拟	主要软件
广联达 BIM5D	进度、质量、安全、成本管控	主要软件
广联达 GCL	工程算量	主要软件
Magicad	综合支吊架设计	主要软件
Autodesk AutoCAD	二维图纸处理	主要软件
MST	建模软件建立空间模型	主要软件
XSTEEL	节点建模	主要软件
ANSYS、SAP	节点有限元计算	主要软件
MIDAS	结构整体变形计算	主要软件
3DMAX	施工过程的模拟	主要软件
橄榄山快模	快速建立深化模型	辅助软件
Lumion	动画制作	辅助软件
Fuzor	动画浏览	辅助软件

5）咨询服务方案

广联达——协助项目部进行模型验收，并对原有的建模标准提出改进意见；现场实施服务，培训项目部各相关岗位利用 BIM5D 进行现场管理。

北京比目鱼工程咨询有限公司——AR 区全专业建模，并对原有的建模标准提出改进意见。

CCDI 悉地国际——BR 区全专业建模，并对原有的建模标准提出改进意见。

（3）BIM 组织介绍（图 3-16）

1）以项目经理为 BIM 应用主管领导，负责统筹协调项目 BIM 应用资源，确定 BIM 应用目标。

2）组建以 BIM 主管为核心的 BIM 团队，负责制定 BIM 总体实施方针。

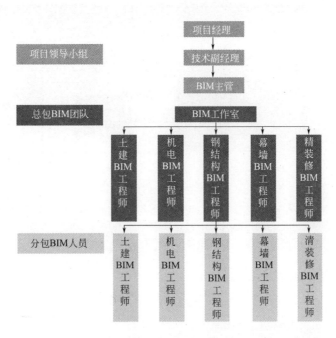

图 3-16　BIM 组织机构图

3）北京城建集团有限责任公司 BIM 中心：AL 区和 BL 区全专业建模及 BIM 应用实施。

4）北京比目鱼工程咨询有限公司：AR 区全专业建模及 BIM 应用实施。

5）CCDI 悉地国际：BR 区专业建模及 BIM 应用实施。

6）广联达科技股份有限公司：负责配合 BIM 模型的后期应用及 BIM5D 应用和培训。

7）所有进场的专业分包单位：配有专业 BIM 技术人员，负责配合总包单位的 BIM 实施。

3. 实施过程

（1）BIM 应用准备

1）模型创建

模型创建的流程：建模标准交底→模型创建→模型验收→建模标准的调整。

模型创建的内容：基于 BIM 的建筑模型、结构模型、机电模型、钢网架屋盖模型、幕墙模型、地表模型、土方模型、边坡模型、桩基模型的创建，如图 3-17 所示。

2）Revit、Navisworks、Magicad、Fuzor、Lumion、BIM5D 等专业应用软件的操作培训。

（2）BIM 应用过程

1）BIM 与技术管理的结合

① 模型的应用

利于地表模型、土方模型、边坡模型和桩基模型，进行地质条件的模拟和分析、土方开挖工差算量、节点做法可视化交底对 8275 根桩基的精细化管理，将 BIM 模型作为技术交底动画制作和 BIM 管理平台应用的基础数据。

(a) 地表模型   (b) 土方模型   (c) 边坡模型   (d) 桩基模型

图 3-17　模型创建

（a）根据勘测报告与地质文件建立地表模型及土层模型；（b）按照项目土方开挖方案和
技术文件，建立土方开挖的 BIM 模型；（c）创建了 1300 根护坡桩模型及其节点做法模型；
（d）施工现场 8275 根基础桩按真实尺寸 1∶1 反应在基坑模型中

② 创建洞口族文件及标注族文件

自动生成二次结构洞口及标注，大大减少了标注的工作量，并且避免由于人为失误导致的标注错误的发生，极大地提高了标注的准确性和统一性。如图 3-18 所示。

③ 劲性钢结构工艺做法模拟

由于本工程劲性钢结构具有体量大、分布广、种类多、结构复杂等特点，用钢量达 1 万余吨，与混凝土结构大直径钢筋连接错综复杂。在正式施工前，深化设计人员利用 BIM 技术，将所有劲性钢结构和钢筋进行放样模拟，在钢结构加工阶段，完成钢骨开孔和钢筋连接器焊接工作。通过与结构设计师密切沟通，形成完善的深化设计方案指导现场施工。如图 3-19 所示。

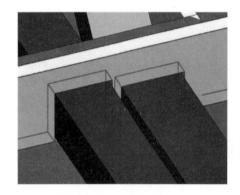

图 3-18　二次洞口族文件

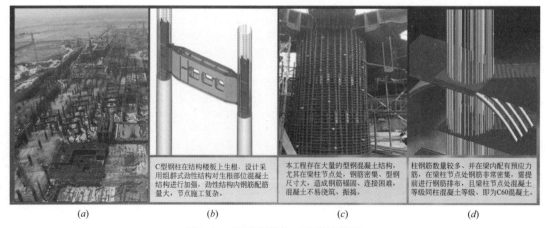

C型钢柱在结构楼板上生根，设计采用组群式劲性结构对生根部位混凝土结构进行加强，劲性结构内钢筋配筋量大，节点施工复杂。

本工程存在大量的型钢混凝土结构，尤其在梁柱节点处，钢筋密集、型钢尺寸大，造成钢筋锚固、连接困难，混凝土不易浇筑、振捣。

柱钢筋数量较多、并在梁内配有预应力筋，在梁柱节点处钢筋非常密集，需提前进行钢筋排布，且梁柱节点处混凝土等级同柱混凝土等级，即为C60混凝土。

(a)   (b)   (c)   (d)

图 3-19　劲性钢结构工艺做法模拟

（a）劲性结构梁柱；（b）劲性钢构与钢筋连接模拟分析；（c）型钢
混凝土梁柱节点模型图；（d）梁柱节点钢筋排布模型图

④ 隔震支座施工工艺模拟

通过建立 BIM 模型，对隔震支座近 20 道工序进行施工模拟，增强技术交底的准确性和一致性，提高现场施工人员对施工节点的理解程度，缩短工序交底的时间。如图 3-20 所示。

本工程建成后将成为世界上最大的单体隔震建筑，共计使用隔震橡胶支座 1124 套，如此超大面积超大规模使用超大直径隔震支座的工程，在国内外尚属首次。

安装支墩、梁模板

图 3-20　隔震支座施工工艺模拟

⑤ 临时钢栈道施工方案模拟

本工程首次将钢栈道应用在超大平面的建筑工程中，以解决深槽区中间部位塔吊吊次不足的问题。在应用过程中，栈道的结构设计、使用方式、位置选择是钢栈道工程的难点，优化设计、节约材料是体现钢栈道经济性的关键。

在钢栈道的方案策划和设计过程中，充分利用 BIM 技术进行方案的比选，对钢栈道的生根形式、支撑体系、构件选择以及货运小车在运行中的受力情况，进行了详细的 BIM 模拟和验算。其中，方案模拟为最终决策起到了至关重要的作用。如图 3-21 所示。

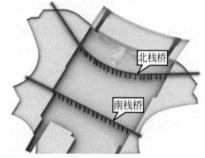

北栈桥

南栈桥

图 3-21　临时钢栈道施工方案模拟

⑥ 钢结构方案模拟

通过 MST、XSTEEL、ANSYS、SAP、MIDAS、3DMAX 等专业软件建立空间模型，进行节点建模及有限元计算、结构整体变形计算和施工过程模拟。如图 3-22 所示。

2）BIM 技术与现场管理的结合

现场管理采用 BIM5D 管理平台，BIM5D 基于云平台共享，能够实现 PC 端、网页端、移动端协同应用。以 BIM 平台为核心，集成土建、钢筋、机电、钢构、幕墙等全专业模型，并以集成模型为载体，关联施工过程中的进度、成本、质量、安全、图纸、物料等信息。BIM 模型可以直观快速地计算分析，为项目进度、成本管控、物料管理等方面提供数据支撑，协助管理人员进行有效决策和精细管理，从而达到项目无纸化办公、减少施工变更、缩短项目工期、控制项目成本、提升项目质量的目的。如图 3-23 所示。

通过 Revit 模型的 GFC 接口导入算量软件，可以直接生成算量模型，避免重复建模，提高各专业算量效率。如图 3-24 所示。

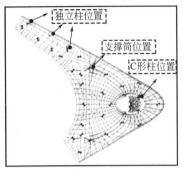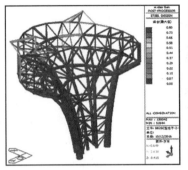
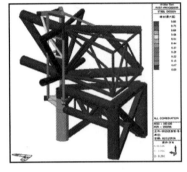

图 3-22　钢结构分析软件

图 3-23　BIM5D 管理平台

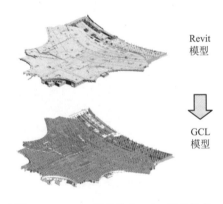

Revit 模型

GCL 模型

图 3-24　Revit 模型导入 GCL 算量软件

① 通过基于 BIM 模型的流水段管理

通过基于 BIM 模型的流水段管理，能够对现场施工进度、各类构件完成情况进行精确管理，如图 3-25 所示。

② 基于 BIM 的物料提取

将模型直接导入到 BIM5D 平台，软件会根据操作者所选的条件，自动生成土建专业和机电专业的物资计划需求表，提交物资采购部门进行采购。如图 3-26 所示。

③ 进度及资金资源曲线分析

通过将 BIM 模型与进度计划相关联，可以直观地掌握工程进度情况，还可以利用

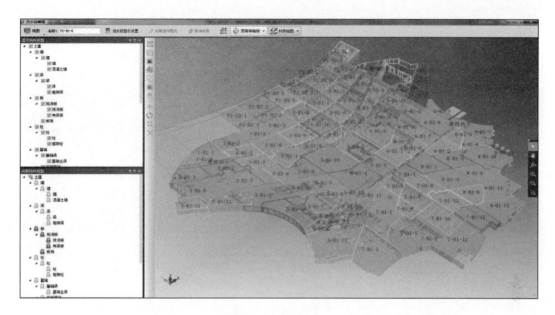

图 3-25 流水段管理

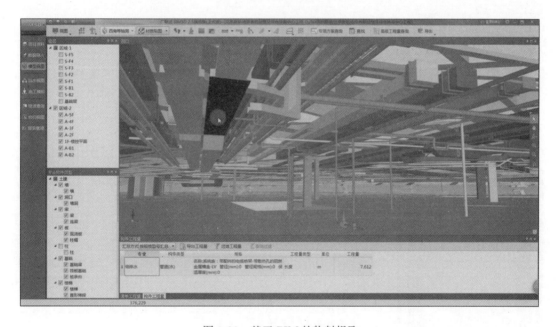

图 3-26 基于 BIM 的物料提取

BIM 软件进行工程资金、资源曲线分析，实现对施工进度的精细化管理。如图 3-27 所示。

④ 质量安全管理

a. 责任明确。质量安全问题可在 BIM 模型上直接定位，问题责任单位和整改期限清晰明确，为工程结算和奖惩决策提供了准确的记录数据。

b. 多媒体资料清晰直观。除可以输入文本信息外，该平台还支持手机拍照，将图片文件实时上传，更加直观地反映现场质量问题。

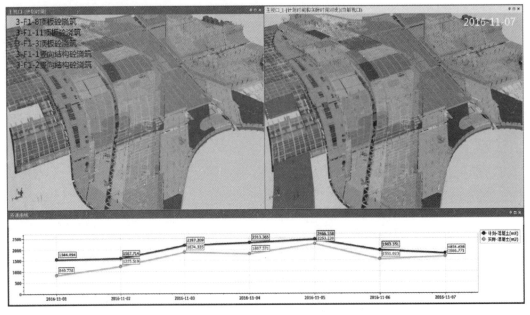
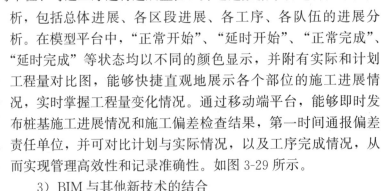

图 3-27　进度及资金资源曲线分析

c. 移动端实时管理。通过移动端采集信息，能够实时记录问题、下发和查看整改通知单、实时跟踪整改状态，有理有据方便追溯和复查质量问题。如图 3-28 所示。

d. 模型轻量化。通过先进的图形平台技术，将各专业软件创建的模型在 BIM 平台中转换成统一的数据格式，极大地提升了大模型显示及加载效率。

⑤ 桩基础专项应用

对桩基施工每区段、每个桩、每道工序进行进展监控，并通过数据平台进行多维度分析，包括总体进展、各区段进展、各工序、各队伍的进展分析。在模型平台中，"正常开始"、"延时开始"、"正常完成"、"延时完成"等状态均以不同的颜色显示，并附有实际和计划工程量对比图，能够快捷直观地展示各个部位的施工进展情况，实时掌握工程量变化情况。通过移动端平台，能够即时发布桩基施工进展情况和施工偏差检查结果，第一时间通报偏差责任单位，并可对比计划与实际情况，以及工序完成情况，从而实现管理高效性和记录准确性。如图 3-29 所示。

3）BIM 与其他新技术的结合

① 三维扫描与高精度测量设备的应用

本工程土方开挖量约 270 万 m^3，通过对基坑进行三维数字扫描，将形成的点云文件，通过 REALWORKS 软件转换后，与创建的基坑模型进行比对校验，快速准确地发现土方开挖的差值，及时调整开挖工作，能够有效避免重复作业。在基础底板和结构施工阶段，引进 GNSS 全球卫星定位系统进行测量控制，并采用全站仪对基坑进行高精度测量。采用该项技

图 3-28　移动端实时管理

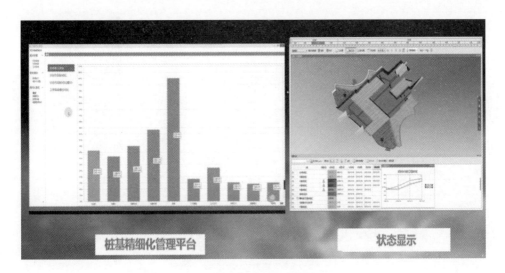

图 3-29　桩基精细化管理平台

术，仅用两人就完成了全场区的测量工作。如图 3-30 所示。

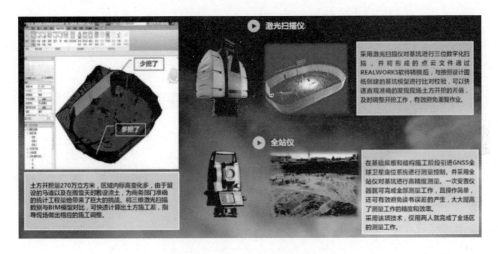

图 3-30　三维扫描与高精度测量

② 三维扫描与放样机器人的结合应用

首次采用基于测量机器人及 MetroIn 三维测量系统的精密空间放样测设技术，实现了大型复杂钢结构施工快速、准确的空间放样测设。

③ 大跨度钢网架构件物流管理系统：

针对 63450 根屋盖钢结构杆件和 12300 个焊接球的管理，项目上研发了以 BIM 模型、数据库及二维码为核心的物流管理系统。将物联网技术与 BIM 模型结合，利用物联网技术实现了构件管控的高效化和精准化。此外，还研发了移动端手机 APP，通过实时显示所有构件的状态信息，把控项目的实际进度，适时调整计划。手机 APP 还可记录生产全过程中各类影像资料，通过 BIM 模型清晰展现构件到场和安装进度，实时显示各阶段构件到场数量。如图 3-31、图 3-32 所示。

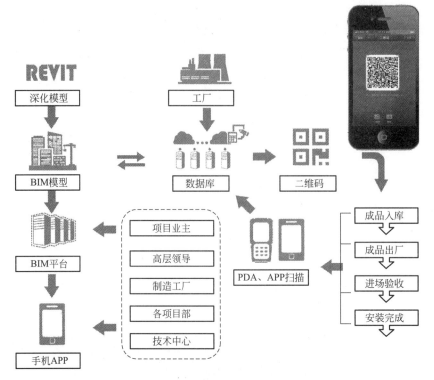

图 3-31　物联网管理系统

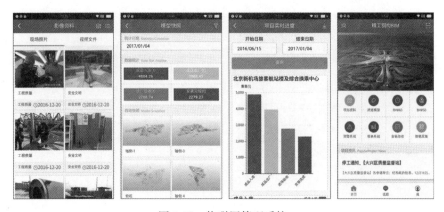

图 3-32　物联网管理系统

4. BIM 应用效果总结

（1）项目实际应用问题的应用效果总结

1）利用 BIM 技术对超大超长结构工程临时运输钢栈道进行建模、方案布置模拟及方案比选，快速高效地解决了钢栈道的结构设计、使用方式、位置选择等技术难点，解决了深槽区无法用塔吊进行物料运输的难题，最终优化设计、节约材料，降低投资费用，保证物料运输的高效完成。

2）利用 BIM 技术对隔震支座进行建模，并对近 20 道施工工序进行模拟，更加直观地检验工序设置的科学性和合理性，缩短技术交底的时间，保证施工工序统一性和施工质量。

3）在钢结构工程中，利用 BIM 技术进行施工方案模拟，并将 BIM 技术与三维扫描、物联网相结合，解决了钢结构施工部署和技术方案的确定、物料加工情况地跟踪及到场安装进度的实时检查等技术难题，提高了钢结构工程管控的精细化程度和管理效能。

4）利用 BIM 技术进行机电系统深化设计，并通过创建各类族文件，实现二次洞口标注自动生成，使二次结构洞口标注工作量减少 80％以上；利用 Revit 软件直接出图，使出图时间缩短 70％以上；在正式施工前，发现机电专业图纸问题及管线碰撞，现场等待技术问题解决的时间缩短 60％以上；通过合理化管线排布，提高机电专业施工效率 10％～15％。

5）利用 BIM5D 管理平台，对项目的技术、进度、质量、安全进行管理，将管理信息传递效率提高 15％～20％，决策效率提升 10％以上；通过 BIM5D 平台基于模型直接生成标准化物资提取单，打印后由物资人员直接签字确认即可生效，减少物资人员手动填写表格的工作量，物资提料所用时间减少 15％～20％。

6）明确数据使用需求。在创建模型之前，首先明确模型数据使用需求，并根据需求建立模型创建标准，以保证模型一次创建完成而不进行二次修改或重建。

7）利用好 Revit 族文件。通过将各类洞口、标注、图框和目录制作成参数化的族，可以大大减少出图的重复性操作和人为错误的发生，并且提高出图文件的标准化、统一化程度。通过视图样板文件和共享参数的建立和传递，可以提高多方协同作业的效率，并保证其标准的一致性，在由众多参与方进行协同工作的深化设计中，可以发挥出 BIM 技术在协同方面的更大价值。

（2）BIM 应用方法总结

1）制定 BIM 模型标准及管理方法：包括钢栈道的建模标准、BIM 模型管理标准、BIM 技术应用实施方案、土建模型标准指南、BIM 建模工作流程、机电建模标准指南、机电三维深化设计方案在内的相关技术标准。如图 3-33 所示。

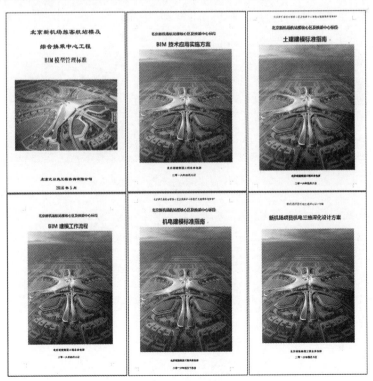

图 3-33　BIM 标准

2）制定 BIM 实施方法，包括 BIM 工作管理方案、文件会签制度、BIM 例会制度、质量管理体系四项管理制度，保证本工程 BIM 技术的实施。

（3）BIM 人才培养总结（表 3-3）

BIM 人才培养总结 表 3-3

软件名称	功能	培养人员数量
Revit	建模	25
Navisworks	模型综合、碰撞检查	25
广联达 BIM5D	BIM 管理	10
广联达 GCL	BIM 商务算量	4
Fuzor	动画制作	8
Magicad	机电支吊架建模	12
天宝	三维扫描及放样机器人	4

3.3.4 深国际前海置业智慧港先期项目 BIM 应用案例

1. 项目概况

（1）项目基本信息（图 3-34）

图 3-34　深国际前海置业智慧港先期整体图

项目位于妈湾片区北侧、水廊道南侧。总建筑面积 78313.04m²，其中地上 55985.24m²，地下 22327.80m²；建筑高度 139.5m。项目位于填海片区，地质条件复杂，基底位置淤泥质土较多，需要引入新的技术保证基坑施工的质量。

（2）项目难点

1）桩基础施工时，往往进度拖延严重，业主方人员在信息获取方面可能会有延迟，难以把控与监管现场实际桩基础施工进度。

2）灌注桩成孔时孔深的控制对灌注桩至关重要，实际施工中每根桩的孔深不好控制，沉渣是否清除等隐蔽项没有记录，这些因素管控不好将会影响灌注桩质量。

3）预应力管桩容易发生桩位及桩身倾斜超过规范要求，桩头破裂，桩身（包括桩尖和接头）容易破损，接桩焊缝质量不合格、冷却时间不够，桩端未到达设计持力层或设计桩长，终压值不符合设计要求。这些因素都影响预应力管桩的质量。

4）业主方对施工单位进行进度款结算时，往往容易出现扯皮现象，造成大量人力的浪费。

（3）应用目标

利用 BIM5D 对现场的进度质量安全等应用已经有了一定的积累，但是，前期的应用深度不够，本项目地质情况复杂，桩基的质量控制是重点。为了探索 BIM 在现场质量管理中的深度应用，在本项目中，选择了对桩基础工程的工序级质量跟踪，因此在本项目 BIM 技术应用中，主要为了实现两个目的：第一，提高桩基础施工的质量管理水平；第二，探索 BIM 技术进行精细化管理的应用方法，为后续其他项目应用提供经验。

2. BIM 应用方案

（1）BIM 应用内容

1）在平台后端对预应力管桩及灌注桩施工过程中的质量管控点进行设置。

2）通过手机记录施工过程中的进度、质量信息，并对其进行汇总分析。

3）利用 BIM 模型，进行进度报量。

（2）BIM 应用策划

1）软件应用方案

建模工具——Revit 建立地质模型以及桩基模型；

应用平台——广联达 BIM5D。

2）应用流程

通过地质勘探资料建立地质 BIM 模型和桩基施工图 BIM 模型→确定 BIM5D 平台管控流程以及管控点→向软件供应商提出相关应用需求→深化桩基 BIM 设计模型、增加桩编号等相关信息→BIM 应用后端流程设定→桩基跟踪应用计划编制→BIM5D 手机端桩基应用培训→成果整理及应用意见反馈整理。

（3）BIM 组织介绍（图 3-35）

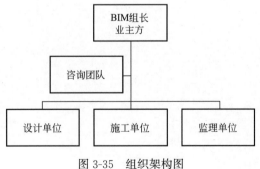

图 3-35　组织架构图

1）业主方深国际前海置业（深圳）有限公司：负责总体把控、协调各参与方，输出对项目 BIM 应用需求。

2）设计单位中国建筑东北设计研究院有限公司：负责图纸的设计工作。

3）施工单位广东省基础工程集团有限公司：负责项目桩基的施工。

4）监理单位深圳市英来建设监理有限公司：负责监理工作。

5）BIM 实施顾问广东省建筑设计研究院：负责模型的建立以及深化。

6）BIM 软件供应商广联达：负责 BIM5D 平台的搭建、维护；过程中对平台需求进行响应以及维护。

3. BIM 实施过程

（1）BIM 应用准备

1）桩基础模型的创建

在勘察阶段，通过勘探孔建立三维地质模型。住宅区进行一般性勘探孔 80 个；控制性勘探孔 39 个。为进一步了解持力层情况，针对桩径≥2m 的灌注桩执行超前钻，力求创建更加精准、更有针对性的三维地质模型，如图 3-36 所示。

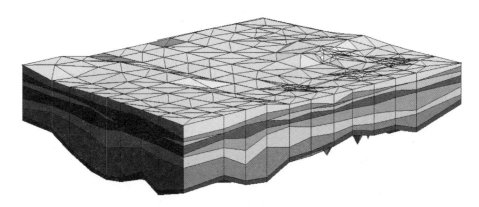

图 3-36　三维地质模型

在设计阶段时，根据地质模型及设计要求建立桩基础 BIM 模型，为了满足后续 BIM5D 桩基跟踪的要求，在原有桩基模型中，增加每根桩的设计终压值、设计桩长、桩编号、桩类型、BIM 模型桩长（根据地质模型校核的桩长）、混凝土超灌高度、施工分区，如图 3-37 所示。

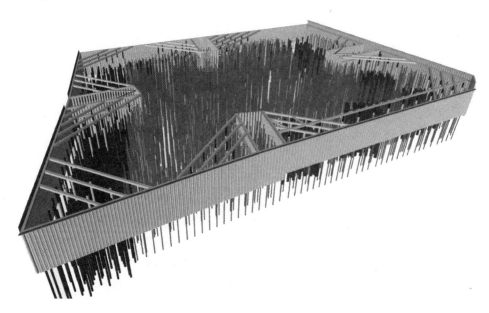

图 3-37　基坑支护及桩基础工程 BIM 整合模型

2）桩基础管理标准的确定

通过广联达 BIM5D 管理平台，将建设单位、施工单位、监理单位进行协同办公，制定《基于 BIM 技术的桩基础施工管理细则》，保证桩基础施工的进度管理、质量管理、实际成本管理。基于深国际前海置业的管理需求，进行联合研发，具体要求如表 3-4 所示。桩基础质量控制点如表 3-5 所示。

对各配合方的具体要求　　　　　　　　　　　　表 3-4

配合方	具体要求		
广联达	提前在平台上设置各类桩型的质量控制信息	可以录入通过审批的进度计划（结合 BIM 模型的分区段进度计划，细化到每块施工分区）	设置有效桩长参考值
		监理专业工程师录入确认后即表明该工程桩施工完成	可分期分批自动生成工程量统计单供三方签字使用
		对进度情况具有实时统计的功能	
监理单位	如实记录现场质量信息施工过程精细化管理	现场验收录入要求及时性	主持工程量统计多方签字确认并上传

桩基础质量控制点　　　　　　　　　　　　表 3-5

管控阶段	预应力管桩	灌注桩
施工前	外观质量（截面圆度、外形、端板、裂缝禁用）　P	桩孔位中心点复核
	桩型参数（配筋、混凝土强度、桩长）	自然地坪标高测设
施工过程中	桩身垂直度检查	垂直度检查
	桩尖密封灌孔　P	入岩情况判断 P
	接桩参数（焊接 P、间歇时间）	首次清孔 P
		孔底沉渣厚度
	终压值参数　P	实际终孔孔深
	桩长参数	钢筋笼验收 P、桩基检测设备埋设 P
		钢筋笼放置
	管口封堵　P	二次清孔 P、沉渣厚度测量
		混凝土参数、混凝土浇筑控制

注：1. 以上质量控制要点输入系统需显示输入时间。
　　2. 附带 P 的需具备上传照片功能，照片信息自带拍照上传时间。
　　3. 其中工程桩编号、打入深度及成孔深度等涉及成本信息可自动生成报表。

3）BIM5D 平台与业务数据集成

① 设置工艺库桩基跟踪流程与质量管控点

通过 BIM5D 管理平台工艺库管理工具中的构件跟踪模块，进行质量管控点设定。对于各工序下面的管控点可以进行数值偏差、数值、文字、时间、选项五个方面的信息记录。通过实时预警功能，保证项目施工过程中的质量管理，如图 3-38 所示。

② 编制进度计划

根据施工现场情况，完成施工流水段的划分，如图 3-39 所示。

在 BIM5D 管理平台构件跟踪模块中，按照流水段关联相应区域内的桩图元。在每一条计划中，填写对应桩型的施工计划开始时间以及计划完成时间。在每一条计划中单根

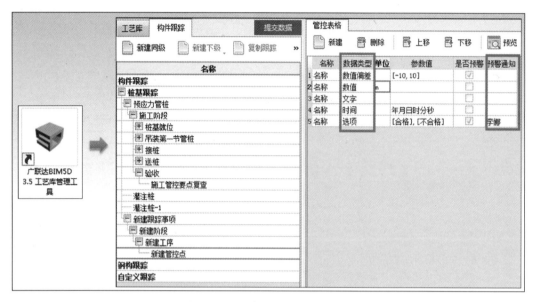

图 3-38　工艺库桩基跟踪设置流程

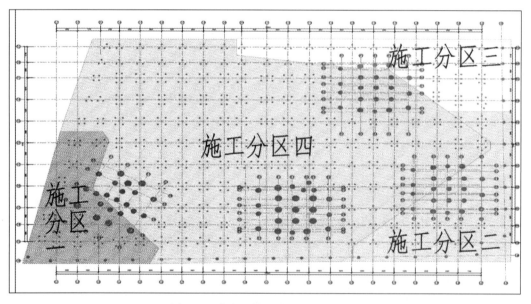

图 3-39　住宅区桩基础工程施工分区

桩的计划编制时，可以针对每一根桩可以进行精确计划时间的编制，也可以根据实际情况填写一个关键节点时间。本项目采用的方式是：对每条计划填写对应关键节点时间，如图 3-40 所示。

（2）BIM 应用过程

项目开始时，对桩基础 BIM 应用的各参与方进行集中宣贯《基于 BIM 技术的桩基础施工管理细则》，并进行操作培训以及答疑。

图 3-40　模型计划关联

项目施工过程中，监理人员根据事先确定的管理要求和标准，通过 BIM5D 手机端 APP 将现场管理过程的信息记录。将施工单位、监理单位的实际现场跟踪情况进行汇总分析，确定不必要管控点，优化 BIM 管理流程，然后在平台中进行数据更新，如图 3-41 所示。

图 3-41　BIM5D 手机端操作流程图

1）现场进度管理应用

在 Web 端，可以实时查看项目施工进度，如图 3-42 所示。计划执行情况从整体数量上进行反馈项目进度。可知现场总共 752 根预应力管桩，已完成 236 根预应力管桩，还剩余 516 根预应力管桩。

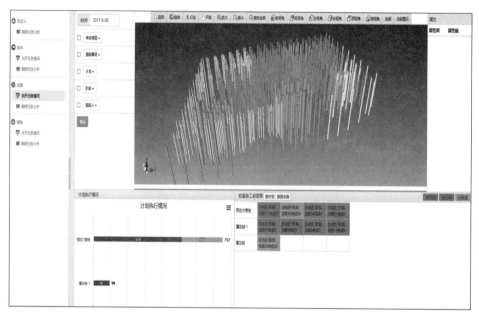

图 3-42　Web 端模型显示进度

通过实时的进度数据，帮助业主方人员判断项目在进度方向上是否存在风险。当出现进度风险时，提前与供应商沟通，保证预应力管桩的供给；据现场未完成桩的数量以及分布区域，进行机械、人力的增加以满足工期的需要。

同时也可以查看一定时间内的桩基完成情况，如图 3-43 所示。查看在这一周完成的

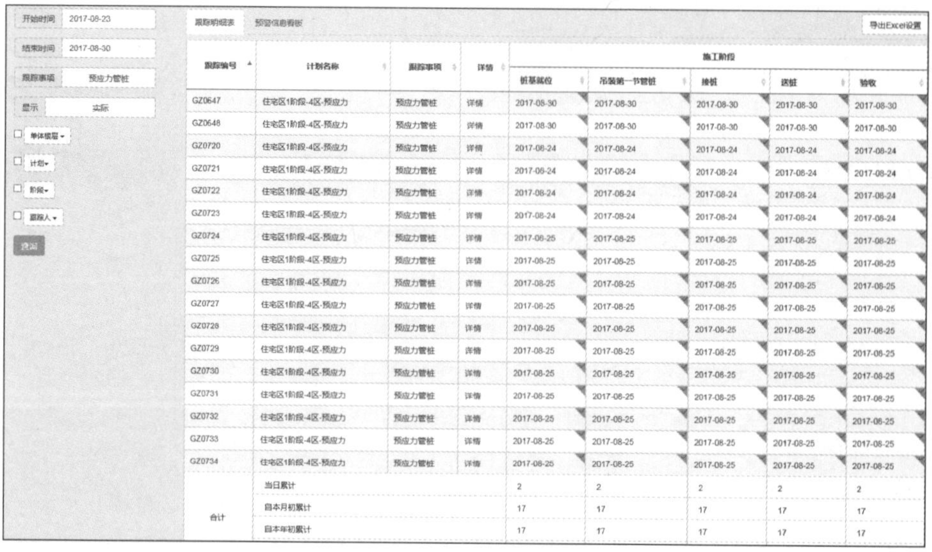

图 3-43　Web 端查看施工详情

预应力管桩数量，并且可以查看每根桩每个工序的实际完成时间（来源于手机端的填写数据）。其他的筛选条件可以帮助现场从人员、时间、区域方向进行查看对应的施工数量。

2）现场质量管理应用

在 Web 端可以查看任意一根桩基手机端记录的详细信息，如图 3-44 所示。

管控点名称：入岩情况判断

入岩情况判断（附照片，照片1：手持岩样；照片2：入岩判别微信截图，需包含桩参数）：合格

实际见岩孔深：28.1

跟踪说明:按勘察单位要求深度终孔，详见附图。

管控点名称：首次清孔

首次清孔检查：合格

跟踪说明:

管控点名称：实际终孔孔深

实际终孔孔深：30.5

跟踪说明:

结束时间: 2017-08-14 11:19:00

2017-08-13 16:18:00　钻机就位 完成　跟踪人：×××××　　联系电话：×××××

开始时间: 2017-08-13 16:10:00

管控点名称：桩孔位中心点复合

实际开始时间: 2017-08-12 18:10

桩孔位中心点放线检查：合格

跟踪说明:

管控点名称：打桩前自然地坪标高测设

打桩前自然地坪标高测设：-5.04

跟踪说明:

结束时间: 2017-08-13 16:18:00

图 3-44　编号 X14077 灌注桩施工过程记录信息

通过 Web 端的数据集成统计，领导层可以及时、方便地查看项目的实际进度、质量。更清晰的了解项目施工情况。

在项目 BIM 应用过程中，为了提高项目的施工质量，结合实际应用情况，数据反馈效果，进对预应力管桩以及灌注桩的质量管理流程进行修改。

预应力管桩在施工过程中终压值的大小尤为重要，终压值小于设计要求很可能造成严重的质量事故。开始设定终压值管控点，是按照设计要求，以倍数形式体现，在现场不利于操作。经过研究，发现所有的预应力管桩长度都大于 15m，经计算，预应力管桩终压值的大小都必须大于 3300kN，实际终压值的填写也改为以 kN 为单位的数值，方便数值对比，也减小 236 根预应力管桩的质量风险。

灌注桩的施工过程中，因为地下的地址复杂，在管桩进入强风化岩以及中风化岩后，各自再打入的深度影响质量情况，也影响成本结算。原来管控点中对入岩情况判断只记录入岩情况判断是否合格以及实际见岩孔深。为了提高灌注桩的施工质量，将入岩情况判断的管控点进行修改调整：入岩情况判断，增加照片 1—手持岩样、照片 2—入岩判别微信截图；实际见岩孔深改为实际见强分化岩孔深与实际见中分化岩孔深。同时，在报表中增加入强风化岩深度以及入中风化岩深度，通过直接数据查看，保证了实际施工质量，减少了已施工 40 多根灌注桩的质量隐患。

3）报表管理应用

将事前准备的项目报表通过报表编辑器录入，通过既定工程量计算原则，设定现场参数关联公式，自动生成工程量数据，如图 3-45 所示。

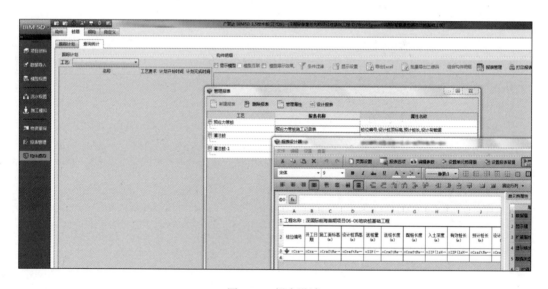

图 3-45 报表设计

选择需要打印的报表，自动生成工程量报表。报表中的每一条数据都来源于在事前在工艺库设定的管控点以及模型属性。通过报表的导出，可以得到期望的实际发生数据，如图 3-46 所示。

将导出的报表进行整理打印，施工单位月度报量采用该表进行签字确认。通过报表可以得到实际成本数据，如桩 X10120：其中空孔量 5.700m，有效桩长 28.200m。通过筛选

预制管桩施工记录表

工程名称：深国际前海首期项目06-06地块桩基础工程

桩位编号	开工日期	施工面标高(m)	设计桩顶高(m)	送桩量(m)	送桩长度(m)	配桩长度(m)	入土深度(m)	有效桩长(m)	最小要求桩长(m)	设计荷载值(kN)	终压荷载值(kN)	实际桩顶标高(m)	施工单位签字	监理单位签字
GZ0467	2017-08···	-5.72	-13.10	7.38	7	21	28	20.62	16.00	3300	4200	-12.72		
GZ0475	2017-08···	-5.67	-11.10	5.43	2.5	21	23.5	18.07	16.00	3300	3800	-8.17		
GZ0474	2017-08···	-5.62	-11.10	5.48	5.2	19	24.2	18.72	16.00	3300	3800	-10.82		
GZ0470	2017-08···	-5.69	-13.10	7.41	5.7	21	26.7	19.29	16.00	3300	4200	-11.39		
GZ0473	2017-08···	-5.66	-13.10	7.44	7.4	19	26.4	18.96	16.00	3300	4200	-13.06		
GZ0472	2017-08···	-5.72	-13.10	7.38	4.5	22	26.5	19.12	16.00	3300	3800	-10.22		
GZ0469	2017-08···	-5.75	-13.10	7.35	6.9	21	27.9	20.55	16.00	3300	3800	-12.65		
GZ0471	2017-08···	-5.59	-13.10	7.51	6	20	26	18.49	16.00	3300	3800	-11.59		
GZ0468	2017-08···	-5.6	-13.10	7.5	7	20	27	19.5	16.00	3300	4000	-12.6		
GZ0368	2017-08···	-5.62	-11.10	5.48	5.1	23	28.1	22.62	16.00	3300	4200	-10.72		
GZ0364	2017-08···	-5.59	-13.10	7.51	7	21	28	20.49	16.00	3300	3800	-12.59		
GZ0372	2017-08···	-5.66	-11.10	5.44	5	21	26	20.56	16.00	3300	4200	-10.66		
GZ0371	2017-08···	-5.62	-11.10	5.48	5	22	27	21.52	16.00	3300	4200	-10.62		
GZ0365	2017-08···	-5.7	-13.10	7.4	7	20	27	19.6	16.00	3300	3900	-12.7		
GZ0374	2017-08···	-5.61	-11.10	5.49	4.6	22	26.6	21.11	16.00	3300	3900	-10.21		
GZ0373	2017-08···	-5.63	-11.10	5.47	4	23	27	21.53	16.00	3300	3800	-9.63		
GZ0366	2017-08···	-5.61	-13.10	7.49	7	20	27	19.51	16.00	3300	4200	-12.61		
GZ0367	2017-08···	-5.6	-13.10	7.5	7	20	27	19.5	16.00	3300	4200	-12.6		
GZ0370	2017-08···	-5.59	-11.10	5.51	3.6	25	28.6	23.09	16.00	3300	4200	-9.19		
GZ0363	2017-08···	-5.59	-13.10	7.51	6	21	27	19.49	16.00	3300	3800	-11.59		
GZ0369	2017-08···	-5.73	-11.10	5.37	5.2	21	26.2	20.83	16.00	3300	4200	-10.93		
GZ0362	2017-08···	-5.67	-13.10	7.43	7	20	27	19.57	16.00	3300	4200	-12.67		
GZ0266	2017-08···	-5.57	-13.10	7.53	7.1	21	28.1	20.57	17.00	3300	4200	-12.67		
GZ0268	2017-08···	-5.6	-13.10	7.5	7.2	21	28.2	20.7	17.00	3300	3800	-12.8		
GZ0267	2017-08···	-5.59	-13.10	7.51	7.2	21	28.2	20.69	17.00	3300	3800	-12.79		
GZ0269	2017-08···	-5.6	-13.10	7.5	7.1	22	29.1	21.6	17.00	3300	3900	-12.7		
GZ0712	2017-08···	-5.78	-11.30	5.52	6.2	17	23.2	17.68	16.00	3300	4200	-11.98		
GZ0710	2017-08···	-5.7	-11.30	5.6	4.2	18	22.2	16.6	16.00	3300	3600	-9.9		

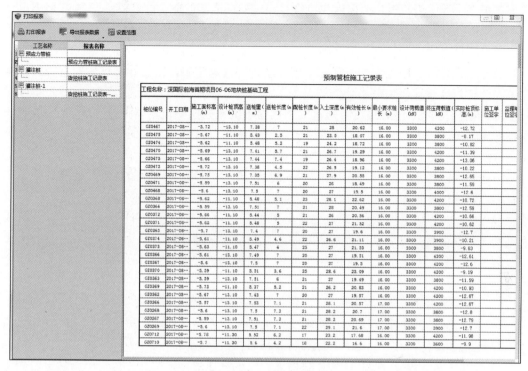

图 3-46　PC 端报表导出

实际完成时间，可以得到对应时间内的桩基础完成数量，并以此进行进度报量，如图 3-47 所示。

旋挖桩施工记录表

工程名称：深国际前海首期项目06-06地块桩基础工程

序号	桩号	桩型	桩身半径d(mm)	设计桩顶标高(m)	预计桩长(m)	开孔日期	打桩前自然地坪标高(m)	空孔量(m)	实际见岩孔深(m)	实际终孔孔深(m)	有效桩长(m)	混凝土浇筑完成面标高(m)	施工单位签字	监理单位签字	建设单位签字	勘察单位签字	验收日期
1	X10118	XZ-10	500.000	-10.800	26.700	2017-08-02 07:39	-5.000	5.800	31.000	35.000	29.200	-10.000					2017-08-03 13:30
2	X10120	XZ-10	500.000	-10.800	25.460	2017-08-03 07:13	-5.100	5.700	-33.490	33.900	28.200	-9.800					2017-08-03 19:49
3	X10119	XZ-10	500.000	-10.800	26.890	2017-08-03 15:40	-5.100	5.700	-33.500	33.900	28.200	-9.500					2017-08-03 22:51
4	X10121	XZ-10	500.000	-10.800	22.920	2017-08-04 14:51	-5.020	5.780	-32.850	31.900	26.120	-9.500					2017-08-04 22:52
5	X10122	XZ-10	500.000	-10.800	20.850	2017-08-05 08:09	-5.100	5.700	23.700	27.000	21.300	-10.000					2017-08-05 23:51
6	X10105	XZ-10	500.000	-10.800	21.250	2017-08-06 06:49	-5.100	5.700	24.840	28.900	23.200	-10.000					2017-08-06 17:00
7	X10080	XZ-10	500.000	-10.800	21.920	2017-08-06 17:31	-5.075	5.725	26.000	26.500	20.775	-10.000					2017-08-07 16:08
8	X10104	BXZ-10a	500.000	-10.800	23.000	2017-08-07 13:03	-5.100	5.700	27.700	28.200	22.500	-10.000					2017-08-07 22:49
9	X10054	XZ-10	500.000	-10.800	23.380	2017-08-08 07:35	-5.100	5.700	20.800	24.800	19.100	-10.000					2017-08-08 17:47
10	X10035	XZ-10	500.000	-10.800	25.020	2017-08-09 11:49	-5.100	5.700	27.800	28.000	22.300	-9.700					2017-08-10 16:34
11	X10028	XZ-10	500.000	-10.800	25.230	2017-08-10 11:18	-5.200	5.600	25.000	29.400	23.800	-10.000					2017-08-10 23:00
12	X14066	XZ-14	700.000	-10.900	28.600	2017-08-11 08:20	-5.050	5.850	35.000	35.800	29.950	-10.100					2017-08-12 02:08
13	X16079	XZ-16	800.000	-10.900	19.160	2017-08-11 08:22	-4.850	6.050	27.200	27.700	21.650	-10.250					2017-08-13 20:20
14	X14077	XZ-14	700.000	-10.900	24.100	2017-08-12 18:10	-5.040	5.860	28.100	30.500	24.640	-10.100					2017-08-14 17:42
15	X16053	XZ-16	800.000	-10.900	21.030	2017-08-14 12:32	-5.080	5.820	27.700	28.500	22.680	-10.100					2017-08-14 23:46
16	X16034	XZ-16	800.000	-10.900	22.850	2017-08-15 07:44	-5.100	5.800	29.300	30.500	24.700	-10.100					2017-08-15 18:15
17	X16073	XZ-16	800.000	-15.700	19.230	2017-08-17 08:05	-5.080	10.620	29.800	30.500	19.880	-14.900					2017-08-17 23:32
18	X16074	XZ-16	800.000	-14.500	22.570	2017-08-18 08:12	-5.130	9.370	32.000	32.960	23.590	-13.700					2017-08-18 22:29
19	X16070	XZ-16	800.000	-11.300	23.210	2017-08-18 15:46	-5.050	6.250	30.000	31.200	24.950	10.500					2017-08-19 19:41
20	X16071	XZ-16	800.000	-14.500	23.610	2017-08-18 17:19	-5.100	9.400	31.500	33.100	23.700	13.700					2017-08-20 01:24
21	X16076	XZ-16	800.000	-15.700	18.750	2017-08-20 08:12	-5.000	10.700	29.670	30.590	19.890	-15.650					2017-08-20 22:02

图 3-47　报表打印示例

通过进度报量，验证报表是否满足需要，存在哪些遗漏数据，之后总结问题，将新的需求在报表设计中进行增加，以减少进度报量花费的人工时间。

4．BIM 应用效果总结

（1）项目实际应用效果

1）利用 BIM5D 中提供的工艺、工序要求指导现场施工，桩基施工过程质量稳定，验收一次合格，且过程记录完整可查。

2）清晰了解项目施工进度，通过本项目的质量管控点的设定，可以在 Web 端精确每根桩的施工质量情况。减少了 300 多根桩可能出现终压值受力不足的质量隐患，使每根桩在终压值等质量管控方面做到有迹可循、有据可查。

3）精确统计实际成本，减少进度报量过程中的扯皮现象，每次进度报量减少约 1 工日，实现快速进度报量。

4）在施工过程中，通过实时填写实际开始、实际完成时间，让业主方领导、各参与人员实时查看项目打桩数量，有效把控项目进度，减少沟通成本。

5）对桩基的跟踪方法可以在其他构件上尝试应用，但需要提高易用性和工艺库内内容。

（2）BIM 应用方法总结

1）总结形成了基于 BIM5D 进行现场桩基质量管理标准文档。

2）总结形成了基于 BIM5D 进行现场桩基进度跟踪的方法。

3）总结形成了基于 BIM5D 进行现场桩基质量管理的方法。

（3）存在的问题

1）现场管控时，如何适当地添加安全管控点，还需要进行协调沟通。

2）工艺库管理工具上，设定好的管理流程事项一旦被引用编制计划，便不能修改，而实际项目施工过程中，需要经常变动。

3）工艺库内的内容还较少，专业不完整，需要在施工过程中补充新的内容。

下篇 专家观点

BIM 技术的应用是个相对复杂的过程，不同企业、不同岗位在具体应用中可能会遇到不同的问题，问卷调研受方式限制，无法全面地反映现阶段 BIM 技术的应用状况。为了能更加全面、客观地了解现阶段施工 BIM 的应用情况，在分析"情况调研"结果的同时，本报告邀请来自不同岗位的应用实践者和从事 BIM 相关研究的行业专家，结合自身的 BIM 实践从不同的视角解读 BIM 应用中遇到的问题及思考，为施工过程 BIM 的应用提供参考。

围绕施工阶段 BIM 的应用，特邀请来自不同领域的专家和 BIM 实践者，结合自身应用经历对现阶段 BIM 应用过程中的一些典型问题、困惑阐述自己的观点。专家主要由五部分组成：早期进行 BIM 研究，对国际国内 BIM 技术发展有全面了解，并有实际项目应用经历的大学教授；施工企业、建设方的公司管理高层；施工企业总包项目部管理层；施工企业和项目部 BIM 中心负责人；BIM 咨询企业负责人。

专家解读是以访谈的方式进行的，针对施工过程 BIM 应用情况，每位专家做了相对系统的分析和解读。结合各专家的不同行业背景，分析和解读的问题有所差异，或针对类似的问题不同专家从不同角度进行了总结，以下是各专家的访谈过程。

BIM 应用现状专家观点——张建平

张建平介绍

清华大学土木工程系教授、博士生导师。住房和城乡建设部信息技术标准化技术委员会顾问委员，中国图学学会常务理事、BIM 专业委员会主任，中国建筑学会建筑施工分会 BIM 应用专业委员会理事长，中国工程建设标准化协会 BIM 专业委员会常务理事，中国 BIM 发展联盟常务理事。

长期从事土木工程信息技术方面的教学和科研，我国 BIM 技术和 IFC 标准的最早研究者和推行者之一。主持完成了包括国家"十五"、"十一五"、863、国家自然科学基金等几十项科研项目。出版论著 6 本，发表学术论文 180 余篇。曾 3 次荣获华夏建设科学技术一等奖、北京市科学技术二、三等奖、北京高等教育教学成果二等奖等。以下是张建平先生对 BIM 应用现状的观点解读。

对本次调研有哪些建议？

从本次调研的结果来看，与前几年基本类似，但实际上 BIM 应用确实出现了一些变化。就今年的"龙图杯"BIM 大赛而言，与往年相比虽然参赛作品大幅增加，但缺乏耳目一新的感觉，技术创新和集成应用少有突破。不过这也符合我个人对目前 BIM 发展现状的基本判断：由于政策标准不健全、软件配套不完善、管理模式不适应等问题，导致现阶段 BIM 应用走到了一个瓶颈。所以本次调研工作还是很有必要的，但不能只是简单的反映调查结果，更需要进行深入分析，挖掘现阶段 BIM 应用过程中的深层次问题，理清当前我国推广 BIM 应用的难点和痛点，才能更有针对性地去解决 BIM 应用所面对的问题。

现阶段我国 BIM 标准体系的建设情况如何？

现阶段，我国 BIM 标准体系仍不健全，相关标准还在逐步发布和编制中。我国 BIM 标准体系的建立还是要借鉴包括美国、英国等国家的做法，他们的 BIM 标准体系包括基础标准和应用标准两个层次，其 BIM 基础标准均采用 BuildingSMART 推出的 IFC/IFD/IDM 系列标准。这些标准发展了近 20 年时间，已经列入国际 ISO 标准，虽然还在不断改进和发展中，但从目前来看还没有哪个国家或软件商在短期内可以另搞一套，更难以超越其水平。以后可能会被某个国家的标准或某个软件商的事实标准所超越或替代，但这需要时间。所以我国的 BIM 标准建设，还是要借鉴国外已有的标准体系和国际 BIM 标准，结合我们的国情和需求，建立我国完整的 BIM 标准体系，编制配套的 BIM 基础标准和应用标准。

前不久，我国发布的《建筑信息模型应用统一标准》、《建筑信息模型施工应用标准》以及已通过评审的《建筑信息模型设计交付标准》从分类上应该属于应用标准，正在编制的《建筑信息模型数据存储标准》和已通过评审的《建筑信息模型分类编码标准》则属于基础标准。但无论基础标准还是应用标准都不完整，尤其缺少对 BIM 标准体系的明确定义和后续标准的统一策划。对于基础标准，目前数据存储标准迟迟没有推出，分类编码标准缺乏与之对应的本土化 IFD 库，中国 IDM 标准尚未涉及。对于应用标准，还缺少设计应用标准、运维应用标准等。

除此之外，我国 BIM 标准的建立体制与国外也是完全不一样的。例如美国的 BIM 国家标准制定是专家集中到一起进行研究编制，从而形成关联性较好的系列标准。而我国的标准编制工作形式可以称为主编制，主要由主编主导各部标准的编制，即便同一套标准的各部标准编者之间也很少交流沟通，标准编制往往反映的是主编单位甚至是主编个人自身的专业理解，这样一来使得相关标准之间的内容关联性较差，甚至有矛盾冲突。

现在我国很多省市、行业和企业都在编制自己的 BIM 标准。我认为这样会造成大量重复性的工作。如果是由于行业和应用领域的不同，需要编制有针对性的行业 BIM 标准是必要的，但只是地区的差别就没有必要大量重复制定了，只需针对地区特点补充相关标准内容，否则既造成人力、财力的浪费，又不利于标准的统一。

BIM 技术所带来的价值该如何量化评价？

关于 BIM 应用价值如何量化评价的问题，这是信息技术在推广过程中都会面临的共性问题。其实如何评价或者量化信息技术所带来的实际效益，国内外很多人都在研究。由于这是一个长远效益，对于工程行业，要确立一个量化的评价标准具有难度。不像制造业的产品线可以通过统计对比进行量化分析，即便产品生产线更新了技术，由于产品对象不变，效益仍然可以量化。而工程项目是一次的，差异化比较大，衡量的标准无法统一，导致效率是否提升很难用清晰的量化标准来判断。在某种意义上讲，这也在很大程度上阻碍了 BIM 技术的推广应用。

在我看来，BIM 的价值判定要借助国际上先进的评估体系，对 BIM 应用情况进行更透彻、细致的分析。比如在实际项目中对 BIM 技术应用情况进行现场追踪，明确 BIM 技术究竟解决了哪些问题，对进度、资源、质量、安全等方面产生了哪些影响。事实上，BIM 技术应用使企业的管理行为明显标准化和精细化，在这一点上确实无法量化衡量，但却真正为企业提升科学管理水平带来了很大的价值。比如施工企业在进行投标时，中建等优秀企业的竞争力相比于一般企业更强，其实很大程度是软实力的体现，其中信息化水平起到了重要作用。

对于 BIM 技术的价值，大多数企业都是认可的，但在现阶段的实际应用中，也有不少人反映 BIM 应用效果并不明显。这就需要一个科学合理的评级体系，给管理层、操作层提供更明确的标准来衡量 BIM 应用的实际效果。在这里我要强调一个观念，价值效益并不完全等于直接经济效益，就像企业的员工对企业的具体作用有所不同，有在生产一线直接产生经济效益的，比如销售、生产人员；也有指导和辅助性的，比如战略研究、市场宣传、后勤保障的人员，他们虽然不能直接产生经济效益，但对于产品生产、销售以至企业的发展都起到了至关重要的作用。

同时，我们也应该对行业 BIM 应用上不规范之处有所重视。例如 BIM 咨询企业应该是以培训和提升企业自身人员 BIM 能力作为主要业务之一，但现阶段很多 BIM 咨询公司大包大揽,代替企业实施 BIM 应用。其实这对企业技术更新很不利。BIM 技术最终就像 CAD 技术一样,会成为每一个工程技术及管理人员的必备技术,所以企业还是要培养自己的团队掌握 BIM 技术,而不是让 BIM 咨询方包办代替。

BIM 技术应用将取代传统的项目管理,还是要与项目管理进行融合?

在我看来,BIM 技术应该与传统的项目管理方式进行融合。过去,传统的项目管理软件如进度、质量、安全、成本等管理软件相对独立,信息也不能互通,所以称之为信息孤岛时代;之后逐渐出现了一些项目管理集成平台,可以将多个独立的管理软件中各类型数据汇集在一起。但这类集成平台的推行一直面临比较大的困难,归其原因是整个平台系统及其操作太庞杂了,与当前的实际管理方法、流程和水平都有较大差距,反而给管理人员带来了一定的负担。

而现阶段,我认为基于 BIM 技术的项目管理方式将是未来的发展趋势,但目前基于 BIM 的管理软件还不是真正意义上的项目管理系统,其原因是现在的 BIM 管理软件还没有完全涵盖所有的项目管理内容,比如财务管理、人力管理、招投标等专业性很强的项目管理软件并没有直接采用 BIM 技术。当前一个可行的解决方法是建立 BIM 集成平台,提供 BIM 创建、应用与管理机制,支持 BIM 软件运行。这些没有直接采用 BIM 技术的专业管理软件只要能够在 BIM 平台上运行、共享 BIM 数据,可直接从 BIM 模型中提取所需的数据,并将相关业务信息传递到 BIM 数据库中,就可以作为 BIM 平台软件,与 BIM 软件集成运行,并做到信息共享,功能互补,实现基于 BIM 技术的项目管理。

从推动行业 BIM 技术发展角度,政府和企业理想的分工模式应该是怎样的?

首先,BIM 技术的应用绝不是仅靠政府部门下发一个指导意见就可以推动普及的。BIM 涉及行业的技术创新和管理变革,与管理制度、管理体系、管理方法都密切相关,因此一定要有一系列具体的政策法规、制度规范,其中包括 BIM 应用指南、管理模式、交付方法和激励机制等配套在一起,才能实现 BIM 技术的推进发展。这类似于 20 年前 CAD 技术的发展,推进过程中也是困难重重。当时政府要求企业的计算机出图率必须达到一定的数量,企业才能获取相应的资质。CAD 是个单纯的技术革命,而 BIM 技术还需要与管理相结合,也更为复杂,所以 BIM 技术在前期推广应用阶段确实会增加使用者一定的工作量,以适应 BIM 所带来工作方式上的改变,企业也会组建专门的 BIM 工作机构,等到 BIM 技术应用得以普及,BIM 专岗的工作机构也就会逐步退出。

当然,企业在 BIM 技术上的推进也要有相对完善的配套制度。在企业应用 BIM 技术过程中,首先要对企业的业务及管理流程等进行梳理,并基于此建立一系列相关制度,保证 BIM 技术的顺利推进。在 BIM 技术与管理的关系上,有些企业领导认为 BIM 软件必须与企业的传统流程完全匹配,事实上这是一个误区。BIM 技术与企业管理之间应该是相辅相成的关系,通过 BIM 技术应用可以从多个角度来理清业务思路,优化业务流程,提高管理水平,并在此基础上提供更加适用的系统平台去辅助管理。因此软件不应该也不可能完全照搬传统流程,而是需要企业自身在管理流程和管理体制上进行优化和改革,适应先进的信息化管理模式,从而达到提高管理水平的目的。

企业在推行 BIM 的过程中,除了建立配套的制度,更重要的是,要真正将 BIM 技术在项目中落地应用。2009 年施工企业进行资质评审的过程中，信息化作为审核的关键要素，很多企业为了通过评审也上了相关的信息化管理系统。但目前来看，实际能够持续使用下来的企业很少，归其原因就是企业没有将信息化技术真正应用在实际工作中。现在 BIM 技术的推动所面对的阻力可能更多，对于企业来说，就要求有针对性、系统性的来推动 BIM 技术，保证 BIM 技术真正用在工程项目中。

企业应该如何推进 BIM 技术应用？

对于企业而言，在现阶段 BIM 应用过程中需要的不仅是一款好的 BIM 软件，更需要一整套针对企业自身的 BIM 整体解决方案。这就要求企业领导层要对企业的 BIM 技术如何发展有深刻的认识才行，对于 BIM 咨询企业和软件公司，应该帮助企业建立整体 BIM 应用实施规划以及 BIM 应用整体推进方案。例如在广州地铁项目 BIM 应用的实施过程中，我们为企业提供了一套包括 BIM 建模标准、岗位职责、BIM 团队建设、BIM 平台及软件、技术服务、应用培训等完整的整体方案，真正的帮助企业提升 BIM 应用能力。因此，企业的 BIM 应用之路不是靠几家 BIM 咨询或者软件公司就能完成的，企业自身要制定合理的 BIM 应用规划，并培养自己的 BIM 技术团队，以真正提高企业的 BIM 应用能力，促进企业内部 BIM 技术应用的良性循环和可持续发展。

在具体 BIM 实施过程中，企业要结合自身情况制定具体的 BIM 实施方案，配合实施方案提供合适的软件工具，并通过一系列 BIM 人才培养手段提高使用者的 BIM 应用能力。有很多企业在某些项目上应用 BIM 达到了很好的效果，有些甚至获得了很多奖项，但是后续新项目的 BIM 应用又得重新来过，归其原因是企业在 BIM 应用过程中，没有总结形成可复制的方法。因此企业在 BIM 建设中要树立可持续发展的正确理念，建立一整套适合自身的应用方案，并选择适合本企业的 BIM 系统平台，在应用的过程中培养自己的 BIM 核心人才并总结出 BIM 应用的经验。

这里必须要强调的是，企业的 BIM 工作不是找一个 BIM 咨询或是软件公司所能代替的，企业要根据实际情况去调整流程，顺利地把 BIM 软件融入企业的管理体系当中，取代或改进传统的工作方式。同时，企业也需要制定相应的规章制度，例如广州地铁 BIM 应用项目，其制度规定施工班组长每天必须填写派工单和进度、质量情况，并上传 BIM 平台后，才能提交监理方验收形成检验批。依靠该制度，实现了施工班组的 BIM 落地应用。但施工过程中会经常出现赶工期、现场人员身兼数职、BIM 软件使用不熟练等情况，这就需要 BIM 中心人员的现场指导，有些关键的地方还要帮他做，最终实现每个职能部门、每位现场技术和管理人员都掌握 BIM 技术和软件，并用于自己的业务工作。这是 BIM 推行过程中的必经之路，所以从意识层面树立 BIM 应用要企业自己做的观念尤为重要。

如何看待 BIM 技术后期的发展趋势？

2015 年住房城市建设部发布的《关于推进建筑信息模型应用的指导意见》，我认为其中的 BIM 应用目标是完全可以达到的。但意见中提到 BIM 与企业管理系统和其他信息技术的集成应用目标需要明确定义。BIM 技术应该如何与企业管理系统集成的方法有很多，需要相关技术、平台、软件的支持，其内容我在最近的报告中有详细的介绍。我认为在今后一段时间中如何研发出满足 BIM 集成应用和用户需求的 BIM 平台和软件是关键。

毋庸置疑，BIM 技术是未来十年建筑施工行业的重要发展趋势之一，不过 BIM 应用是否能有更大的突破，企业在其中将起到至关重要的作用。在 BIM 技术的发展过程中，企业对 BIM 技术解决实际工程问题的诉求会反过来推动政策标准的制定。总之，我们仍要对 BIM 技术的发展保持坚定的信心，BIM 技术发展的道路是曲折的，但 BIM 技术应用的前途是光明的！

国内的 BIM 应用软件应该如何发展？

BIM 技术的推广应用，政策是驱动，标准是基础，平台软件是工具。即 BIM 的应用还得以软件为载体。现阶段，我国的 BIM 软件发展水平与国外尤其是美国相比还是明显落后。但是国外的软件在国内应用过程中又有些水土不服，这是一个尴尬的现象，发达国家建筑业长期处于低速发展的阶段，工程开工量相对不高，大型超大型工程就更少了，因此这些国家的 BIM 软件市场依然是在中国等发展中国家。从这方面说，我们迫切需要自主产权的国产化软件，但在研发和推行过程中又存在很多困难。就像推行了 20 年的 CAD 软件，其市场基本上都是被国外软件所垄断，国家从政策层面一直在支持国产的 CAD 软件，但国产软件的发展速度依然很慢。究其原因我认为是推广机制的问题，研究工作可以以高校和研究机构为主，但推广还要有企业的市场模式参与进来，在这个方面需要国家、行业和企业共同重视起来才行。

如果 BIM 技术应用被国外软件所垄断，可能就不仅仅是软件公司的市场问题了，还会涉及我国建设领域信息资源、信息资产以及信息安全问题。BIM 技术不同于 CAD，CAD 涉及项目的局部信息，而 BIM 技术在应用过程中产生的是项目全生命期的完整信息，包含项目准确的空间信息和精细的过程信息。尤其是 BIM 技术已在铁路、公路、桥梁、地下管廊、地铁等基础设施领域广泛应用，保证这些"国家生命线工程"的信息安全更为重要。随着云技术的发展，BIM 软件呈现出与公有云技术集成应用的趋势，出现基于公有云的 BIM 技术服务方式，BIM 数据存储在软件开发商的云服务器上，这样就更加重了安全问题隐患。目前，国家大数据战略规划中提到，信息资源将与石油、煤炭、森林等能源资源同等重要，其安全甚至与国土安全相提并论。因此在 BIM 技术推进过程中，发展我国自主产权的 BIM 应用软件就显得至关重要了。

BIM 软件的价值核心是提供满足用户需求的软件产品，但软件研发靠的是技术水平。目前，在我国 BIM 软件研发技术层面出现了发展瓶颈，在很多关键技术上没有很好的突破，也导致了 BIM 软件在向前发展的道路上举步维艰。想要突破核心技术，是要重点发挥产学研的联合优势，就像清华大学与广联达合作成立的 BIM 联合研究中心，结合各自优势打造联合创新的技术团队。

另一方面，对于 BIM 软件公司而言，更多的还都是希望做出产品化的 BIM 应用平台和软件。但在 BIM 软件发展的前期还是要做一些定制化的项目，在做定制化项目的过程中可以更加深入的探求到企业的业务流程以及对 BIM 应用的真实需求，经过这样的实践过程更有助于 BIM 软件公司为企业提供更大价值的 BIM 产品和服务。

BIM 应用现状专家观点——马智亮

马智亮介绍

清华大学土木工程系教授、博士生导师，我国现阶段建设行业信息化领域学术研究的领导人物。负责纵向和横向科研课题近 40 项，共发表各种学术论文 150 余篇，并多次荣获省部级科技进步奖、"首届全国信息化研究成果奖提名奖"等多项科研奖励。2013 年至今，连续 5 年作为《中国建筑施工行业信息化发展报告》执行主编，报告内容覆盖行业信息化总体、BIM 应用与发展、BIM 深度应用与发展、互联网应用与发展、智慧工地应用与发展等。以下是马智亮先生对 BIM 应用现状的观点解读。

我国的 BIM 国家标准与国外有哪些区别？

首先我认为 BIM 的国家统一标准一定要符合本国的 BIM 应用特点，同时要解决其他 BIM 标准中涉及的共性问题。在基础标准之上还有设计应用标准、施工应用标准、制造标准等其他类型的 BIM 标准。现在我国已经出台了《建筑信息模型应用统一标准》GB/T 51212—2016 和《建筑信息模型施工应用标准》GB/T 51235—2017，总体上，看统一标准相对简单，施工应用标准更加具体、实用。

关于我国的 BIM 国家标准，现在看来还没有完全起到应有的作用。国家标准是其他类型标准的基础。但在实际编写的过程中，其他标准没有将其作为基础标准进行参考。主要原因是我国的 BIM 国家标准推出得比较晚，宣传力度也不够。

国际上做得相对较好的 BIM 基础性标准要数美国的"NBIMS 标准"了，到目前为止，该标准的版本已经升级到了"NBIMS 标准 3.0"。"NBIMS 标准"规定了整体 BIM 应用的框架和基础共性问题，尤其是在该标准的第三版中，很明确地阐述了应用 BIM 需要涉及哪些标准，清晰的标准体系，该标准引用了"BuildingSMART"组织提出的相关概念和标准，例如数据模型标准 IFC、交付标准 IDM 等。同时，该标准直接引用那些比较成熟的标准。当然，引用是需要符合既定的要求和流程的，必须经过专门的评审并由专家委员会投票通过。这样一来，相关标准的制定既保证了体系的完整性，又可以借鉴和利用好基础标准。

再有就是 BIM 国家标准的细度，国家统一标准的细度决定其可操作性。"NBIMS 标准"的内容相对详细，有几百页之多，这决定了该标准具有很强的可操作性，其中还引用了很多现有的标准。相较而言，我国的 BIM 统一标准就显得过于简洁，只有区区的几十页，可操作性较差。

由于我参加了 BIM 施工应用标准的编写，对该标准也更了解一些。从内容上来看，施工应用标准还是兼顾了我国施工 BIM 应用的实际情况，介绍了我国施工企业现阶段已经实现的 BIM 应用点，相对全面地反映出了 BIM 应用的现状。在此基础上，通过包含一些通过研究已经实现的应用点，该标准还体现出了 BIM 技术的应用趋势。因此，该标准中既有施工阶段相对成熟的 BIM 应用，也有企业再向前走就可以做到的 BIM 应用，从价值上来讲，还是具有较强指导作用的。

我国的这类标准与国外标准的可比性并不强，主要原因是体系不一样，相比国内的标准，国外标准的体系相对全面和完整，尤其是国外的基础标准相对完善。基础标准除了数据模型标准、分类编码标准之外，还有像 IDM 这样用来规定识别 BIM 应用流程和交付要求的标准，实际应用者再去通过 MVD 完成与应用相关的信息交换。国内的标准则更偏重于施工单位的实际应用，软件单位也可以用作参考。

从本质上讲，国外标准着眼于 BIM 应用的根本出发点，强调充分发挥模型的作用，实现多阶段、多参与方的信息共享。由于对基础性工作的强调，应用性的内容相对少一些。虽然在基础标准里面也包括一些应用类技术标准，但并不是其重点关注的方向。而目前我国的 BIM 标准中，基础性的内容相对缺失，更加强调 BIM 技术的应用价值。从这个角度看，我们的 BIM 标准应该在基础性方面多下些功夫，可以多借鉴国外的先进经验，也可以将好的内容做本土化引用。

对于企业而言，是否有必要制定企业的 BIM 标准？

我认为，做任何重复度高的事情都应该建立一定的标准。在 BIM 应用的过程中，企业是存在制定企业层面 BIM 标准的需求的。那么对于企业而言，BIM 标准究竟要发挥哪方面的作用呢？我认为主要是模板作用。企业通过制定 BIM 标准和规范，可以将 BIM 应用经验积累下来，并有效地向下传递，让先进的 BIM 应用得以推广。应用水平相对落后的人员在能力上实现更迅速的提升，从而让任何组织都可以借助于标准来推动 BIM 应用。

但企业的标准应用范围非常有限，往往只能在企业内部使用。国家和行业 BIM 标准的应用范围应该更大，是连接企业与企业间，甚至是整个行业之间 BIM 应用的桥梁，有助于真正实现企业乃至建筑行业的信息共享。所以说，企业制定的 BIM 标准只能是为企业自身带来价值，如果想让标准为行业的 BIM 应用创造价值，就需要通过更多地考虑与自身发生联系的行业上下游业务情况，比如施工企业会和业主、设计单位打交道，了解他们的需求，制定能为各方都带来价值的国家或行业标准才行。

如何评价 BIM 技术的应用为施工企业带来的价值？

现阶段，BIM 技术已经在很多项目上得以应用，当然也有一些应用 BIM 技术的项目是源于业主要求等被动式因素，这里我们先不做探讨。关于我们应该如何来衡量 BIM 所带来的价值，我想还是要通过实践去解答。目前，有很多企业在主动应用 BIM 技术，这些企业对 BIM 应用的体会可能会更加深入。

总体上说，BIM 技术的价值目前已得到大多数行业专家的认可。例如，通过 BIM 技术"先试后建"可以给工程带了巨大价值。工程施工是个复杂的过程，用传统技术和流程进行工程管理的时候，经常会发生很多意想不到的事情，造成浪费、返工是很常见的。施工前可以通过 BIM 技术先模拟一遍建造过程，这其中包括了技术和管理方面，当然目前在 BIM 上的应用还是以技术为主。这就像是写文章，先打草稿自然胸有成竹，这样写出来的文章整体性更强，质量也更高；如果是想到哪写到哪，质量肯定不能得以保证，写得不对划掉再改也会浪费很多的时间和精力。在这方面需要用到 4D 系统。

对于项目的施工过程也是这个道理，如果事先用 BIM 技术提前模拟一遍，做到"先试后建"，后续的施工过程就可以更加顺利了，特别是复杂的工程，这个过程的意义就更加重要了。同时，BIM 技术还能充分发挥计算机的作用，相对于二维图纸，BIM 技术能在计算机中实现信息的传递和数据的共享，从而实现各种类型的分析，这将给项目带来极大的价值。例如，使用 BIM5D 产品，就可以借助数据模型自动将进度计划制订好，如果用传统方法制订合理的进度计划，就要花费更多的人力。

前阵子我在南通开会时某企业负责人提到：发现凡是好企业都做信息化，凡是信息化做得好的企业都是好企业。据其统计，做建筑信息化的企业，管理人员、机构人员占总员工数量的比例相对更少，说明建筑信息化是可以帮助企业进行管理的。其实 BIM 也是一样，对于项目部而言，应用 BIM 技术也能在减少管理人员的同时提高管理的水平。

总的来讲，BIM 技术最大的价值就是带来工作效率的提升和工作质量的提高，从而真正为企业提升效益。

基于国外软件二次开发的 BIM 平台应该成为发展趋势吗？

从设计到施工，现阶段我们用的 BIM 软件还是以国外的为主，国内的 BIM 软件相对较少。有些国产软件号称是 BIM 软件，但是在我看来还不能称之为真正意义上的 BIM 软件。

在国内，建研院做的设计类 BIM 软件相对不错。之前我受邀参加了建研院组织的座谈会，为这款 BIM 设计平台提一些建议。可以看出他们是花了很大力气在做的，希望能够做出自己的特色，也已经在一些项目上进行了试用。目前来看，整个平台的最大特点是通过集成 BIM 应用，来解决各专业间"各自为政"的问题。在传统流程中，各专业设计人员普遍是做好各自的设计之后，再一起来检查是否有碰撞等问题。现在利用 BIM 和互联网技术，在设计过程中各专业方就可以联系在一起，相互查看设计成果、进行碰撞检查，在加快设计速度的同时设计质量也能得以提升。

但是诸如这类软件平台的开发是需要很大投入的，也需要相当长的时间去研发。建研院的这个平台大概投入了 2000 多万元的资金，在国内来讲已经算很大的投入了，但就是这样的投入也和国外的软件研发机构无法相比。在国外，这样级别的软件研发投入远远超过了这个数字，同时也需要长期的技术积累。

我们的投入远不及国外，技术积累也还不够，技术水平自然逊色很多，那么 BIM 平台的研发自然也就落在了后面。事实上，这也反映了我国在 BIM 平台开发方面的真实情况，做不出实用的、有市场竞争力的 BIM 平台，市场就必定会被外国软件所占据。在别人占领市场的情况下，国内的软件公司就只能依托于国外平台进行二次开发，这种依托于国外平台的二次开发，说极端点，做得越好，就是越是在替人家卖软件。虽然国外软件以及基于其进行二次开发的软件在一定程度上也能够满足国内用户的需求，但是这也为国内 BIM 应用带来数据安全的风险。作为建设大国来讲，我们还是需要自己开发基础性的软件，自己的应用平台才行。

BIM 平台会不会代替项目管理平台，BIM 应用是否将呈现出一种集成的趋势？

BIM 技术与项目管理是继承和发展的关系，并不存在取代的问题。BIM 技术从实际应用角度来看主要聚焦于技术上的应用。使用者用 BIM 三维模型与项目的进度信息、成本信息进行关联并应用，这只是一种技术应用手段，谈不上管理。而我们所说的项目管理是进度管理、成本管理、质量管理、安全管理等。作为管理就需要有 PDCA 的循环，即管理在开始时都要制订计划，然后去做检查和执行，最后要纠正。而至于 BIM 平台会不会取代项目管理平台，我认为肯定不会，但是两者之间也一定会存在继承发展和集成应用的关系。

从项目管理系统的现状来看，应用管理系统先要把计划数据录入进去，然后在执行过程中按照 PDCA 的思路去做。在实际的应用过程中，这些项目管理系统并不好用，其中最大的原因就是录入数据太繁琐。项目开工后本身时间就很紧张，还需要将全部信息都算清楚、填进去，无形中增加了很大的工作量。而 BIM 技术就可以很好地解决这个问题，运用 BIM 技术就不需要纯粹的数据录入，可以利用 BIM 模型中已经集成的数据，通过软件把工程量等数据直接计算出来，智能导入项目管理系统中去，省去了一个个录入的工作。另外，项目管理系统的呈现方式不够直观，如果把 BIM 技术集成到项目管理系统中，就可以用更加直观的方式了解整个项目的情况了。从这个角度来讲，将 BIM 技术融入项目管理系统里面去，将两套系统相融合，最终才能实现更大的价值。

关于 BIM 与其他技术的集成应用，有人说 BIM 可以认为是空间基础数据库，相当于 IOS（操作系统），基于这个空间数据库，就可以做各种 APP，来进行不同的分析、计算、维护工作，也可以用更多的软硬件技术与之集成应用，我赞成这个说法。从另一个角度讲，BIM 技术是为了共享信息，包括不同软硬件之间的信息共享。

所以，BIM 带来的集成是天然的好条件，下一步肯定是要向集成化方向发展的，但如何集成还要再做斟酌。是把软件越做越大，还是通过一些手段来集成，比如基于 API 来进行集成，或是基于数据集成？我认为 BIM 的集成更多的是基于数据来做集成的，因为 BIM 本身就是一个数据库，所以基于 BIM 技术的数据集成一定是未来 BIM 集成应用的发展趋势。

国内施工行业精细化管理处于什么水平？

在我接触过的施工企业当中，达到精细化管理的非常少，其中中建三局是精细化管理水平相对较高的一个。在谈到管理思路上，他们认为项目的精细化管理是需要用信息化系统来支撑的，项目信息确定后将基本参数输入到系统中，系统就能够自动生成相应的计划，并将计划细分成逐个的任务。各岗位人员按照分配的任务完成工作后，将工作过程记录并录入系统进行统计汇总，最终实现对项目的精细化管理。精细化的管理是需要用精细化的手段来加以支撑的，需要计算机去做的事情用人工来代替是肯定达不到精细的。我以前做过一个基于 BIM 的质量管理系统，在整个过程中，要求现场人员要按规范一个个人为检查。但是实际过程中却没能达到理想的效果，归其原因是现场人员可能会编一个假数据，这样收集上来的信息就没有真实性可言了。

目前，判断施工行业是否达到了精细化管理的水平，首先要看有没有相对应的精细化管理系统去支撑。现阶段更多的企业实际上可能还是达不到精细化的水平。针对这样的情况，我认为施工企业在实现精细化管理的过程中需要寻找一个平衡点，换句话说就是要明确需要精细到什么程度，不一定是越细越好，事情走向极端往往只能是带来更多的问题。越是精细化的管理就意味着投入会越大，投入过大就会造成投入和产出比的不平衡。那么精细化的程度要如何把控呢？这就需要我们做出合理的判断，对于不同工程的不同环节要进行具体的分析。例如，做质量管理工作，质量应该精细到什么程度，就需要结合实际工程特点来决定，一些工程需要做到的程度，可能其他工程就不需要做到同样的细度，特别是如果需要为精细化管理付出更大的投入，就需要特别慎重了。

企业的标准化管理体系算不算精细化的一种模式？

在我看来，标准化和精细化还是有所区别的，标准化更偏重于对规则的制定。也就是说员工可以做哪些事情，做事情需要做到什么程度是有据可依的，不能随意去做。而精细化是在精细程度上提出更高的要求。两者的区别在于制定标准的时候可以没有精细的要求，而更注重标准本身。所以说精细化与标准化应该有不同的侧重，不可等同。但是在实现精细化管理的过程中，必然要制定相应的标准，所以说企业的标准化是实现精细化管理的必经之路，但是有标准并不一定就意味着精细化管理的实现。

在中建集团的标准化管理要求中，对于计划划分得比较详细，有年计划、月计划、周计划等，但这样的标准化手段也不完全是为了精细化管理。将这些计划标准化是为了不同的用途，比如年计划可能用于采购，月计划可能是为了安排现场工人情况，周计划可能会更具体一些，比如用来要求各岗位人员的工作进度。在实际过程中，这些标准化管理制度能起到规范行为和管理的作用，例如可以避免工作中的偷懒现象等。所以，从这个角度来讲，企业管理制度的标准化还是非常有必要的。

BIM 应用现状专家观点——杨富春

杨富春介绍

    中国建筑股份有限公司（以下简称：中建）信息化管理部副总经理，教授级高级工程师。担任住房城乡建设部信息技术应用标准化技术委员会副秘书长、中国工程图学会常务理事、中国土木工程学会计算机分会常务理事，国家科技部、工信部、住房城乡建设部信息化专家，北京大学、中国人民大学信息化研究员等。

    长期从事企业信息化建设管理工作，取得了多项重要成果，获国家科技进步三等奖 1 项，省部级科技进步一等奖 3 项，先后在国家核心期刊表、国际大型会议、专业刊物发表论文十数篇，超过 7.5 万字，主编或参与出版多部信息化专业书籍，近 330 万字。以下是杨富春先生对 BIM 应用现状的观点解读。

中建早在 2005 年就开始推动 BIM 技术应用，在长期应用实践中积累了许多宝贵的经验

    谢谢，谈不上经验，仅仅说说我们的认识和看法吧。

    首先，从中建在推动 BIM 应用的组织管理层面上，我们制定了 BIM 发展战略、保障政策、BIM 应用规划和管理制度等，来确保 BIM 应用落地。集团总部考虑更多的是制定战略、政策和规划，具体的推动实施是放在二级企业、三级企业，项目是 BIM 应用实施的主体。

    其次，在具体实施层面上，分别在五个方面有一些自己的认识：

    第一是关于认知层面，我们自己一定要先想明白，为什么要用 BIM 技术，这也是我们制定战略规划的前提。现在很多企业在这个问题上有点浮躁和冒进，过于市场和业主导向。很多项目只关注应用什么，就是我们说的选什么软件，如何操作和实施，但却忽略了我们为什么要用 BIM，这是一个挺普遍的现象。为什么要用 BIM？BIM 要解决哪些技术难题？是否有解决管理、生产方式、组织方式创新的需要？施工企业应该更关注的是这些。当然，有些企业也不是没有想为什么要用 BIM，而是想错了。很多企业为了报奖和示范等一系列表面工作去做 BIM 形象工程，资金投入了，人才未必培养出来，因为压根没往这方面想。也许通过这种面子上的工作，潜移默化普及了 BIM 价值，让更多人知道 BIM，但是仅此一点价值的话，其投入产出比例就太低了。

    第二是关于实施方式。在推进 BIM 的过程中我们也发现了一些问题，比如前几年在施工这个板块，建模是一个很大的难题，因为没有专业人员，这个工作往往要寻求第三方支持。使用第三方外包的实施模式会有几个问题：首先费用比较高。从 BIM 的应用费用上，建模支出就占了 70% 左右，后来这几年在慢慢减少。其次是人才的问题，这种方式不利于自有人才的培养，而自有 BIM 人才不足会在很大程度上制约企业的 BIM 应用能力。另外，因为第三方服务是随着行业的变化而改变的，随着我们的投入降低，第三方服务机构也会有服务意愿不强的时候，那这个时候怎么办呢？必须得有自己的人顶上。况且 BIM 建模是一项基础性的工作，就不应该是第三方去做。

第三是关于思维模式的变化。在 BIM 应用过程中，我们感觉目前最欠缺的其实是国内没有一个真正基于三维思维模式的 BIM 集成应用平台，现在大家基本都是以一个二维思维方式下的集成平台来做 BIM 集成应用，即用二维的思维来用新的三维技术。现在深层次的应用方面，都需要是三维的思维方式，但我们都是把原来二维的思维方式直接沿用过来。对前面我们谈到的生产方式和组织方式的改变，感觉往这个方向的努力和创新还不够，所以 BIM 的价值没有真正发挥出来。

第四是关于 BIM 集成的技术层面。BIM 技术目前还有很多与其他信息技术在集成上没有考虑好或没有实现的地方，这个也是我们亟待去思考和解决的事。因为 BIM 最大的价值可能会在实现了"BIM＋"以后才能展现出来。例如我们用"BIM＋物联网"进行质量管理，就有了空间概念。当施工到第 20 层的会议室时，通过物联网满足定位的需求，自动通过发射和接收端的匹配，对这个位置上的数据进行采集（不仅包括狭义上的物理数据，还包括图片、视频流或等广义信息的采集等），这些信息就能自动存储到模型上对应的位置。又比如在施工现场我们对作业人员如何去定位，如何动态反应人员的实时状态，借助房间的定位信息，结合现场生产施工过程环节，就可以做到安全预警。类似于这些动态数据的采集和定位，不仅是和移动技术、GIS 技术的结合，也需要和智能终端的硬件结合，还需要与其他原有信息化系统和数据库进行打通。比如我们的 BIM 集成管理平台如果要和管理信息系统整合到一起，就需要和生产信息的采集实时对接，还要和安全相关的管理目标、管理要求集成到一起，再和"物联网"结合起来，这样当你拿着手机路过对应的风险点之前，马上就会接到安全提醒。只有一个全集成的系统才可以实现上面的功能。

第五是关于人员培养。我觉得对于施工现场，BIM 人才培养应聚焦在施工生产管理人员该具备什么样的 BIM 能力上。上海的 BIM 标准出台比较早，这个标准在推进 BIM 技术应用的时候定位就比较科学，它规定了三类人员都要掌握 BIM 技术的应用。第一类人员就是项目部管理层领导，如：项目决策人员、项目经理、项目总工等；第二类就是项目部部门管理人员，如：技术部、质量部、采购部等岗位人员；第三类就是一线管理人员，如：质量员、安全员等施工现场的管理人员和技术人员。这样的规定比较科学，对项目各个层级人员的 BIM 能力和水平都有一个具体的要求，这样业主在选择施工方的时候，也要把这三类人的水平都衡量一下，只有这三类人的水平都符合了 BIM 技术应用的要求，选择的施工单位才靠谱。对于施工企业来说追求的是 BIM 的应用技能，而不是研发技能。

BIM 技术会给施工企业的信息化建设和项目管理带来怎样的改变？

关于 BIM 对信息化的影响，我们不能单纯从技术角度来解释，一定要站在全行业信息化发展战略的高度来看。BIM 是一项有战略性定位的核心技术，是改变建筑业生产、组织方式的信息化技术。现阶段 BIM 技术应用在施工企业主要体现在两个阶段：第一是生产准备阶段：我们可以在施工现场，通过 BIM 技术进行项目的虚拟建造，了解项目中可能会遇到的问题，提前解决和规避。第二是整个施工过程阶段：我们可以利用 BIM 技术进行可视化浏览，对于复杂的建筑节点，可以通过三维模型做技术交底，指导施工作业。

BIM 技术已经在进度、质量、成本各条业务线改变着施工现场的项目管理。比如 BIM 技术和进度计划、成本信息结合，正在改变着我们在施工现场传统的项目计划和成本的管理方法。原来都是看图纸和表格，现在我们可以直接看三维模型，直观了解进度和成本情况，我们称之为可视化项目管理；在质量管理方面，我们利用 BIM 技术在三维空间上的定位展示功能，结合我们在质量管理中的具体需求，形成一种可定位、可追溯、可实时查看的质量管理机制。同时，通过 BIM 技术和"物联网"的结合，实现数据在定位和采集上的一致性和协同性，保障我们在质量管理当中对关键控制点以及实体质量控制点的紧密结合。这些都是改变我们传统生产和制造方式非常重要的表现。

同时，BIM 也在悄然改变着整个建筑市场的生产组织方式。我们原来的思维方式、管理方式和组织结构都是基于传统的信息流，以及它的流转速度和效率上的二维思维模式。而在 BIM 环境下，随着模型携带的信息变得更丰富、详实、精确，组织方式也会随之发生变化。比如，以前生产计划人员专职做计划管理，商务管理人员专职做商务，这两条线在原来"二维"条件下是分开的，它们的信息不可能反映在一张图纸里。但是基于模型条件下，多维度的信息是可以整合到一起，关联在同一个三维模型上的。这个时候我们的生产组织方式是不是可以做调整？比如我们把做计划和做商务的人员放在一起来做，会不会提高工作效率？所以我们不能完全沿用原来的二维管理方式。目前的沿用只能是短期的，阶段性的，将来 BIM 技术一定会冲击并打破传统的组织方式。比如 10 年前我们开始做财务信息化，到现在为止已潜移默化地改变了传统的财务组织方式，现在更多的企业都在向财务共享中心的组织模式方向发展。BIM 技术也一样，回到刚才的例子，质量和安全在组织结构上看似是分开的，但是因为服务的主体一样，这两项工作之间在深层次也是紧密联系的。通过 BIM 模型携带的集成化信息来支撑这种管理时，我们可以带动两个原来割裂的组织高度融合，使工作效率进一步提升，进而推动生产现场的组织效率提升。BIM 技术正在倒逼我们进行整合和创新，你不整合，别人整合了，那别人的生产效率就会比你高，你在市场中会变得处于劣势。所以从整个行业的变化来看，BIM 技术是支撑行业生产和组织方式变革非常重要的一项技术。

如何看待 BIM 技术和传统项目管理平台的结合？

我个人认为 BIM 技术和项目管理结合，现在走的对接这条路子的方向是错的，或者说只能是阶段性的路子。我认为将来一定是在 BIM 模型的基础上，结合模型实现项目管理，而不是依据项目管理来应用 BIM 技术，因为这样不能发挥出 BIM 最核心的价值，那就是信息处理的一致性、高效性和空间结合性。举个例子，以前在二维条件下，我们在做项目成本管理时得到的数据和做采购时得到的数据差别很大，因为他们的计算维度不同，不是基于同一个主体，更不能做到针对某一个点。而基于三维 BIM 模型，虚拟的和实体的能够相互紧密结合在一起，即使我们在模型里选中一个构件，它的采购数据和成本数据都会是一模一样的，基于模型下的这种项目管理是一致的，这个是质的改变。而且，这也更符合人类的思维方式，我们看到的真实世界是三维的，我们在看的时候、认知的时候、甚至在对它进行操作管理的时候都非常形象，但现在的二维管理是不形象的。

BIM 技术和项目管理平台的直接对接是有难度的，而且几乎是实现不了的。所以两者结合是有偏向性的，应该以一个为核心。到底是以 BIM 为核心还是以传统的二维项目管理为核心，这个应该还存在争议。我还是建议重心要在以 BIM 为核心的项目管理上。如果两者的结合还只是做到原来传统二维模式的程度就终止不前，那就没有任何意义了，也不符合未来的发展方向，因为将来肯定会往智慧化和智能化发展。

如何看待国产 BIM 软件对 BIM 在国内推广起到的作用？

国内很多行业都还是用的国外的软件，这是我们国家信息化的一个痛点，不仅仅是 BIM 软件，包括我们的操作系统，核心的技术都是如此。但是我觉得随着我们国家经济的不断强大，这些痛点只要想解决都是可以解决的。就像 BIM 核心基础技术，能不能上升到国家信息化战略层面很难确定，但至少 IT 企业以及一些大型建筑企业可以考虑社会担当，加大 BIM 核心基础技术的研发投入并取得突破。但我敢肯定，如果 BIM 技术和未来的智慧建造技术始终无法做到自主可控，对我们的产业发展是很不利的，可能存在信息安全的风险。现阶段行业的智慧发展还没有到达第二个阶段即优化替代阶段，我们还有回旋余地。一旦达到第二个或者第三个阶段，我们建任何一个项目，都是智慧大脑来指挥，如果核心技术不是掌握在我们自己的手里，谁敢放心让机器人去实施无人状态下的项目施工和建造。

BIM 技术在智慧化阶段也是一项非常重要的信息化技术，智能机器人、智慧大脑等都是依托于这些技术和基础数据的。所以很明显，信息化软件的国产化是一个前景非常大的市场空间。你做，你就赢得了未来的市场，你不做就会受制于人，我们迟早要解决核心技术的国产化问题，谁先解决谁就抢得市场先机。我认为信息化核心软件国产化是趋势，只是迟早的问题。是由建筑企业来做还是 IT 厂商来做，或者是一起合作，那就看大家的共识了。

如何看待现阶段施工企业在 BIM 技术应用方面的投入产出比？

如果想客观看待 BIM 的投入产出关系，我觉得施工企业首先要站高一线，从行业发展的角度看企业是不是要有 BIM 方面的投入。比如：2007 年新的特级资质标准在科技和技术指标里增加了一项管理信息化能力指标，企业如果没有达到指标要求，就一票否决。降级之后你竞争的平台就不一样了，因此很多企业都很着急。对于 BIM 技术也是一样，需要判断整个行业对它的要求，如果你认识到了这是必须投入的，就不会这么去算小账，计较在具体的一个项目上 BIM 技术的投入产出是赔了还是赚了。因为可能投入和产出根本不在一条线上，甚至不是一个量级。第二，据我所知，从 2007 年开始，中建用 BIM 的情况来看，还没听到一个人跟我说用了 BIM 在项目中赔钱的，都是只赚不赔。比如：首都机场 T3 航站楼只做了建模和碰撞检查，将结果输出给设计院优化设计，之后再开始做施工。单单因为工期缩短甲方就奖励了 100 万，还不算如果因碰撞导致返工材料损失的降低、人工损失降低和材料的节省等都带来的收益。T3 航站楼实在是太大了，即使平均估算只找出 2000 多个碰撞点，假设一个碰撞点节省材料成本 100 元，2000 多个点，大约有 20 多万的节约。这还没有计算施工效率提升的收益和返工耽误工期的潜在罚款损失等方面。我觉得为什么施工环节比设计环节 BIM 应用的积极性高，原因就在这。

还有的项目是战略合作的目的，这是战略需要、市场需要。企业做第一个 BIM 应用示范项目的时候，可能就是要花钱，从账面来看就是赔钱的，但是带来的效果是市场认可和 BIM 技术能力提升，这个项目做完了，一批人培养出来了，成果还可以展示给业主看。如果是这样的方式，即使赔了钱，我觉得也值。但是，就怕说既不是为了市场，也不是为了战略，综合成本也不算，就是为了拿一个什么奖，还是让外部团队帮忙实施，用的效果也不好。这种情况赔了钱，团队没有培养起来，市场又不认可，这样我觉得就"人财两空"了。

BIM 中心在 BIM 应用推广中发挥着什么样的作用？

我觉得企业的 BIM 中心在 BIM 应用和推广过程中至关重要。有些人说 BIM 中心的工程师只会建模不懂业务，那不是 BIM 中心的问题，是选什么样的人进入 BIM 中心的问题；有些人说 BIM 中心的人只在办公室玩电脑，根本都不下现场，那也不是 BIM 中心的问题，是岗位职责设定的问题，不能混为一谈。

在 BIM 推广初期，企业是需要有专职人员做这些"额外"的 BIM 工作。建了 BIM 中心后有专职人员对 BIM 技术进行研究和应用，要让这些 BIM 工程师既学技术，也要熟悉业务，亲近现场，这样才能更快成为某个具体业务的 BIM 专家。BIM 中心专家应该是属于企业的，通过这些专家再带动项目的应用。BIM 中心可以发挥团队的集成化优势，一个 BIM 中心可以服务多个项目，而不是每个项目都重新培养 BIM 专家，这样才能发挥资金资源的集成应用优势。另外，BIM 中心的人也并非要天天在项目上驻场。因为 BIM 中心的建设还有一个目的是引领企业的 BIM 应用前沿探索，在更高的层面关注企业在项目信息化管理的需求。如果 BIM 中心的人都在项目上，就会忽略企业 BIM 战略定位的需求。所以综合来看，BIM 中心在现阶段是非常有意义的，它能够以小投入、小团队来带动企业在 BIM 技术应用上的发展。

BIM 中心在公司全员 BIM 后是否还有意义？可以从 BIM 中心的应用管理、研发创新两种定位形式来认识这个问题。BIM 应用管理定位，就是 BIM 中心在推动 BIM 应用实施的同时，还需要通过对企业所有的 BIM 应用项目进行统计分析，来找到企业在项目管理上组织变革的方向；还需要利用 BIM 应用和大数据的结合分析找到优化、变革生产模式的方案。

BIM 研发创新主体定位，就是 BIM 中心后期主攻方向是最新 BIM 应用平台的挑选、试用、分析以及创新应用的研发等，甚至要开展管理信息化与 BIM 应用平台进行数据的整合。

不管是哪个定位，BIM 中心都可以在后期发挥其价值。但因为很多企业自身没有想明白这个事，没有给 BIM 中心的人员描绘他们的职业发展通道，使得很多企业 BIM 中心人才流失很快。

理想的智慧工地和 BIM 的关系是什么样的？

我们所提的智慧工地是分成三个阶段来逐步实现的。

第一是感知阶段。即利用物联网、移动技术等实现物与物相连、人与物相连，进行数据高效、便捷采集，实现管理和生产过程中数据的真实有效。这个阶段，改变了以前数据的采集全靠人工输入方式，更多的靠物联网或移动设备进行自动采集，但还没有实现真正的智慧化工地。

第二是优化替代阶段。我们提到的生产组织方式的变化实际是指我们可以利用信息化系统对相关环节进行改造，我们需要在这个阶段来实现这个改造。举例来说，如果我们通过物联网数据的采集，对一个大项目的施工环节，包含所有参与人员和机器设备，全部进行 5 秒、15 秒、30 秒的数据动态采集，这样就会得到非常庞大、非常重要的数据资源。有了这些数据资源，我们就可以去思考，如何优化我们的生产流程。比如在质量验收环节，物联网自动采集数据之后，经过大数据的比对分析，判断今天绑的钢筋是否符合质量要求，是否可以开展下一步的混凝土浇筑。这个过程中我们人要做的是对自动数据采集这个过程的监控和优化。拿最简单的拍照来说，机器自动拍摄的照片部位识别是否准确，不同部位能不能连在一起，是否覆盖了我们想要的全部范围。机器的自动操作还是需要一段时间自适应和自学习的优化过程，才能逐步替代现在的人工，这个阶段我们要学会和机器共存，做好监督和优化调整工作。慢慢地，人工进行的质量检查环节就会逐渐被机器替代，当然安全检查也可以这样进行，这就是我们说的生产组织优化。每一个总包方的生产组织方式上都在进行着替代，在此基础上，甚至衍生出一些新的生产业务场景，替代整个传统业务场景，所以我们管这个阶段叫优化和替代。

第三是全面智慧阶段。那时候，所有的业务环节都完成了优化替代。通过智慧大脑指挥施工现场的智慧机器人或智慧设备进行施工操作，这就是我们施工项目的智慧工地，这个就是智慧建造大师。

智慧工地可能需要十到二十年或更长的时间，每个阶段都离不开通过 BIM 技术产生的数据。比如物联感知就需要将 BIM 技术和物联网打通，完成数据的自动采集、录入、存储和流动。试想将来我们的建筑施工现场都采用智能机器人或智能机器设备来工作，这些智能的机器设备里都会加入集成 BIM 模型的芯片，这样智能机器设备自己就可以看得懂模型，通过 BIM 模型和 GIS 的结合进行空间定位，确定设备的精准移动路线，智能设备就可以自己使用模型数据去分析和执行施工任务，当然这个过程还需要配合摄像头、视频感应等装置，设备之间互相不会碰撞和干扰。工地就这样彻底智慧化、无人化了，而 BIM 技术就是将来我们施工技术里的一项必备技术。

BIM 应用现状专家观点——朱战备

朱战备介绍

万达集团副总裁兼 CIO，北京大学信息管理博士。业内知名企业信息化专家，在信息化领域具有近 20 年的从业经验。熟谙企业信息基础设施架构、业务流程管理和管理信息系统。著作有《IT 规划》、《PLM 的理论和实践》等，在国内外核心期刊发表论文 30 余篇。获省部级科技进步一等奖，并两次荣获美国 CIO 杂志评选的全球最佳 CIO100，此前就任国际大公司亚太区 CIO，具备国际化视野以及丰富的管理经验。以下是朱战备先生对BIM 应用现状的观点解读。

万达是如何将 BIM 技术移植到项目管理中的？

在我看来，万达的项目管理水平可以说是走在了行业的前沿。在将 BIM 技术移植到项目管理的过程中，就很好地体现了万达在项目管理上的先进性思路，其中主要体现在三个方面：

第一，万达原有的管理系统体系相对完善，并在移植 BIM 技术之前制定了与原有管理系统相吻合的 BIM 总发包管理思路，所有业务流程均根据 BIM 总发包这套管理思路的逻辑来设计，做到规划具体、执行清晰，保证了把 BIM 技术从专业工具上升到管理平台过程的顺利完成。现阶段，浏览 BIM 模型时大多都需要用专业的 BIM 软件工具。而当万达建立了自己的 BIM 管理平台之后，通过浏览器就可以直接浏览三维模型。这样不仅是专业 BIM 人员，就连管理人员也都能使用模型了，在线浏览、圈阅甚至是共享模型都很方便。另外，在平台搭建过程中，我们更多地从管理方面进行了考虑，让管理人员能够在平台中获取更多相对应的管理信息。我们在 BIM 模型的基础上添加了很多管理属性，包括质量、计划、成本等管理信息。同时，我们把 BIM 当成类似制造业当中的物料表，将信息数据输入到管理系统中，从而实现从 PDM 到 MRP 再到 ERP 的全过程管理。万达在规划 BIM 平台之初，就将其定位成"建筑行业的 ERP 系统"，实现与万达后台管理系统的集成，进而成为真正意义上的管理平台。

第二，平台在规划中就将其定为多方协同的开放型工作平台，在开展工作的过程中实现与合作伙伴之间的多方协同，这也在一定程度上，提高了对外部合作伙伴管理能力的要求。从业主的角度看来，BIM 管理平台如果只是内部员工来使用，其价值还是相对有限的，只有让产业链上的合作伙伴都参与使用，才能在更大的程度上发挥 BIM 管理平台的价值。所以，万达的 BIM 平台在设计之初，就考虑了很多合作伙伴在平台上协同的问题，包括对外认证体系架构、后台混合云架构等。现在，万达的 BIM 平台上已有数以万计的实际用户，其中大部分都是外部用户。放眼全行业，除非已经实现了 SaaS 技术，很少有拥有如此多外部用户的系统。

第三，在 BIM 平台的搭建中，万达采用了混合云的技术架构。整个云技术架构中，既包括了公有云，在万达内部又搭建了私有云环境。在确保企业内部数据信息安全的前提下，利用公有云和私有云的集成应用，保证了在大量用户同时使用时，无论是访问速度还是用户体验都能达到比较好的效果。

有人会问，万达是如何实现以上三点的呢？这就要从两方面来说了。第一，是万达的整体管控能力。万达能够实现每年新增 50 家万达广场就是靠管理，而管理在很大程度上是要通过信息化实现的，这也是万达做包括 BIM 管理平台的原因所在。万达的管理平台背后是由一整套相对完善的体系来支撑的。第二，就是执行力，这也是万达的基因。一旦认准了方向，就会持续不断、坚定不移地推进，做到对每一个方面都绝不应付了事。就像在 BIM 技术的推进过程当中，我们也遇到了很多困难和阻力。或许换作其他公司可能就放弃了，但万达始终坚持向前，有困难就克服，有问题就解决。从这个角度讲，是万达的企业文化起了很大的作用。

从内部管理和外部合作两方面来看，万达的 BIM 总发包模式与以前的管理模式有何区别？

BIM 总发包管理模式的引入，无论是从万达内部还是外部，都给具体工作带来了很大程度上的改变。从内部管理方面看，BIM 总发包管理模式与此前万达的总包交钥匙管理模式的区别还是比较大的。总包交钥匙管理模式的核心是对二维图纸的管理，由于出图的流程是分阶段、分批次进行的，图纸整合过程就难免会有"错漏碰缺"的现象发生，即便通过模块化的手段将每个业务板块串联了起来，但实际管控起来仍有难度。而 BIM 总发包管理平台是以 BIM 模型为核心，将整个业务流程进行重新梳理、统筹考虑，让业务与业务之间、流程和流程之间衔接得更加紧密。通过 BIM 平台将所有业务紧紧耦合在一起，形成集成化应用。在整个管理过程中，大部分的管理工作是直接基于模型来开展的。无论作任何的项目信息变更，都要先及时变更模型信息。如果模型信息不作变更，后续的工作原则上就不能开展。同时，将模型上所有实时变化的信息与各相关方充分共享，从而确保项目更高效地完成。

从与外部合作方面看，BIM 总发包管理模式对每个合作伙伴的管理水平都提出了更高的要求。在此管理模式下，万达将很多管理权限下放给了合作企业，因此外部合作企业就要承担更大的管理责任。例如，对于施工总包单位，一定要对系统测算出来的总成本有更准确的判断，实际上这就给总包单位提出了更高的要求，如果想要获取更加合理的利润，就要求其更早、更深入地介入到项目的各个阶段，而不是到项目中后期再去做过多的变动。当然，万达的初衷是通过应用更好的技术实现项目建设总成本的下降，从而使得施工总包单位赚取更科学、合理的利润，同时也就倒逼其拥有更高的管理水平才行。

万达的 BIM 系统对其他企业是否具有可复制或者可借鉴的作用？

关于能否复制或者借鉴，我认为肯定是有值得借鉴之处的，BIM 技术的价值有很多，但每个企业也都要针对企业自身的情况进行适当的投入，企业的情况不同，可以根据适合自身情况选择局部更有价值的领域去做，而不一定是一上来就盲目地做一套大而全的 BIM 系统，这一点很重要。信息化最大的好处就是可以规模化复制应用，万达做 BIM 管理平台的初衷也是由于每年都要新增 50 家万达广场，项目的规模复制量决定了我们投入的这笔钱还是划算的。但如果企业的应用需求量没有这么大，在借鉴万达 BIM 管理平台的应用时就要慎重研究了。

万达的 BIM 系统可以分为两大部分，一部分是针对整体 BIM 模型的应用，其中包括模型浏览、批注、变更，以及基于云端的计算等与广联达合作的部分。这部分相对比较通用，其他企业也可以复制使用。另一部分是万达的管理平台，每个企业的管理模式不尽相同，因此这部分不完全通用。万达的 BIM 管理平台是针对企业需求进行自主研发的管理系统，对灵活性的要求相对更大。由于需要针对自身的变化随时调整，现阶段还不能达到完全的产品化，所以对于其他企业而言，更多的只可能起到借鉴作用，无法直接复制应用。

万达的 BIM 标准是如何分类和使用的？

万达的 BIM 标准可以简单定义为两大类型，即技术标准和管理标准。在技术标准中，万达在模型的族库、构件库、建模规范等方面制定了很多标准。这方面的标准主要是针对建立模型制定的，用来规范设计总包单位提交的模型是否符合标准中所涉及的内容。目前，尤其是在设计阶段的 BIM 应用标准很难实施，如何用同一套标准去规范不同的设计单位，这在国家层面也没有一套很成熟的方案。但在我看来，这将会是阻碍 BIM 技术进一步发展的因素。如果 BIM 模型在源头上的标准都不一样，进入到管理平台就会有更多的问题暴露出来。

在管理标准方面，由于万达的管理体系相对比较完善，情况相对要更好一些，推进得也相对容易一些。万达的管理标准中有一个业务管理手册，手册中的内容包括了工作界面、工作周期、工作成果、完成标准、操作细则等管理内容，只要按照步骤进行实施，就能保证不会偏离目标。该业务管理手册还可以在线上查阅甚至运行，相对方便、实用。

万达的标准是由分管规划的直属团队专门编制并负责推进的，相对而言管理标准执行得比较到位，技术标准还在逐步推进的过程当中。在标准落地方面，万达要求标准必须执行到位，由于合作企业都在统一的 BIM 平台上开展工作，所以在标准执行上约束力度会更强一些。虽然合作企业在执行过程中还是会面临一些困难，但绝大多数企业还是充分理解并积极拥护的。这些企业在按照标准要求工作的过程中，也推动了自身企业内部的管理创新，提升了管理水平。

BIM 技术将如何实现项目的标准化、精细化管理？

对于项目的标准化和精细化管理，BIM 技术的作用都十分明显。同样，在万达实现项目标准化和精细化管理的过程中，BIM 技术也发挥了非常大的作用。

在标准化方面，无论建设多少个万达广场、多少个购物中心，甚至是住宅，都可以借助 BIM 技术手段，实现标准化建设。对于万达而言，万达广场、购物中心、住宅就是我们交付给用户的产品，其中很多产品都是标准化的。那么，利用了 BIM 技术，将标准化产品生成数据完整的 BIM 模型，就可以通过快速复制的方式进行规模化生产了，从而实现企业在生产效率上的大幅提升。

在精细化方面，BIM 技术也体现了非常大的价值。随着建设水平的不断提高，更多个性化的建筑应运而生，除了标准化的建筑产品，万达也会为用户提供很多个性化的产品。

在这类产品的建设过程中，BIM 发挥的作用就更加明显了。尤其是在设计和施工的衔接方面，传统的二维图纸是无法将复杂结构的建筑信息完全表达清楚的，这时候通过 BIM 模型上的数据信息，就可以更直观地展示这些在二维图纸上不易于清楚表达的复杂信息了，从而用精细化的手段为企业带来更大的价值。

BIM 技术在这两个方面都发挥了很重要的作用，相比之下，万达在标准化方面已经做得相对成熟了，所以 BIM 技术在这方面的价值空间相对要小一些。但对于个性化建筑产品而言，如果不通过 BIM 模型，建筑的成本是很难确定的。因此，我认为 BIM 技术可能对个性化建筑产品的成本控制效果更加明显。

BIM 的技术人才需要具备哪些能力，应如何培养？

如果是站在整个行业的高度来看，我认为 BIM 的技术人才可以分为三类。第一类是做 BIM 整体规划的高端咨询服务人才。这类人才需要对 BIM 的应用具有整体高层次规划的能力，同时对 BIM 操作人员和 BIM 管理人员的工作进行合理安排。在行业中这类人才是相当匮乏的，既要求懂 BIM，又要求懂管理，还要能为 BIM 整体规划做顶层设计。第二类是做 BIM 应用实施的人才。当 BIM 应用方案规划好后，最终还是要分阶段进行落地应用的，在这个过程中就需要 BIM 实施人才对 BIM 工作的推动了，这一类型的 BIM 人才也是需要投入时间和精力来培养的。第三类就是偏向于 BIM 操作，例如建模人员这种专业的 BIM 人才了，相对而言，这类 BIM 人才的工作任务更加集中、具体，培养难度方面也相对小一些。

BIM 平台的应用需要人员的培养，不同的岗位需要的能力和标准也不尽相同。培训如果是眉毛、胡子一把抓，是达不到很好的效果的。万达在多方人力注册系统上花费了很大的精力，针对企业内部和外部的不同岗位，开发了不同的在线培训课程，让各岗位人员通过学习掌握相对应的 BIM 技能，从而真正将 BIM 技术应用到实践中去。

在选择国内外 BIM 软件方面应有哪些侧重？

BIM 软件可以简单分为专业工具和管理平台两大类型。在基于纯粹 BIM 技术的专业工具软件方面，我国的软件发展水平与国外相比还是存在较大的差距，在这方面国内的 BIM 软件如果想要追赶上来还是有很大难度的。

但对于管理平台类型的 BIM 软件而言，现阶段国内软件的市场占有率是处于明显优势的，而且将来也应该是以国内软件为主导的。在我看来主要有两方面原因。一方面，管理平台软件对技术的要求并不是很高，而且国内软件公司更了解我国的工程管理流程。另一方面，未来的管理平台软件将向云化、SaaS 化方向发展，这是技术趋势，同时也是市场趋势。而且按照我国的法律规定，也更倾向于将云和 SaaS 等部署在国内。综合这两点，国内的管理平台类软件具有很好的发展前景。

BIM 技术将如何发展，万达是如何考虑未来的 BIM 发展路径的？

在我看来，未来的 BIM 技术的发展趋势可以分为长期和短期。长期来看，随着未来智能技术的成熟，大数据以及人工智能技术将成为 BIM 未来的发展趋势。到那个阶段，只要输入所需的参数条件，模型就可以自动地创建出来，甚至有参数录入错误的情况发生，计算机都可以实现自我矫正。从短期来看，BIM 技术会向管理型工具的方向发展，BIM 模型会越来越轻，更容易实现在更多维度上的管理，BIM 管理平台甚至可以与更多类型例如电商平台之间进行集成应用，这都将成为未来短期 BIM 技术的发展趋势。

对于万达未来的 BIM 发展路径，总结成一个词就是开放，万达会以开放的心态来学习最新的 BIM 技术，无论是国内还是国外，只要是有价值的技术，我们就会不断尝试、不断探索。将来，当万达度过项目建设高峰期，实现全面轻资产化以后，会对运营提出更高的要求。万达也希望能通过 BIM 技术，更好地适应轻资产的发展道路，这就是万达在推动 BIM 技术上的想法。

BIM 应用现状专家观点——陈浩

陈浩介绍

湖南省建筑工程集团总公司副总经理，总工程师，BIM 学院院长。研究员级高级工程师，国家一级注册建造师。中国建筑业协会专家委员会委员、中国土木工程协会等专业协会副理事长、中国城市科学研究会绿色建筑与节能专业委员会委员、湖南省房地产业协会会长、中南大学硕士研究生兼职导师。国家级工法 12 篇、省级工法 75 篇、国家发明专利 10 项；主编国家行业标准 1 部，参编国家标准 7 部、行业标准 3 部。获国家科技进步二等奖 2 项，省级科技进步一等奖 2 项。主持创鲁班奖工程 5 项，指导创鲁班奖工程 7 项。

以"流动站＋固定站"的形式，共指导 114 个 BIM 工作站。2016 年带领湖南建工 BIM 中心参加国内、省内五大 BIM 大赛，其中获得全国 BIM 比赛 16 个奖项，获得湖南省 BIM 比赛 20 个奖项。以下是陈浩先生对 BIM 应用现状的观点解读。

湖南建工集团是如何实现 BIM 应用落地的，如何看待企业中对 BIM 的不同声音？

实现 BIM 技术在企业的应用落地，首先是要通过项目试点，以点带线，以线带面的方式推进项目 BIM 应用。一是建立公司 BIM 中心选取试点项目，积累应用经验。二是建立分公司 BIM 中心，以点带线示范联动。扩大 BIM 工作站建站规模，采取固定站加流动站的方式，以项目自有人员为主体，以公司、分公司 BIM 中心提供前期驻场服务和过程指导的方式落实项目的 BIM 应用。三是以线带面，提质增效地扩展应用领域，由房建领域拓展到各业务领域，从技术应用向管理协同发展。

其次是要形成和完善企业的 BIM 技术体系，并持续迭代更新，包括技术服务清单、BIM 族库、标准化图集、工艺样板等。管理层面上要普及项目的协同管理，实现基于 BIM 的管理平台与企业现有信息化系统的一体化集成应用。

不可否认，在 BIM 推进的过程中，确实存在一些不同的声音。我们对此也进行过分析，原因大概有以下几点：一是由于前期软硬件投入、人员培养费用较高，短期培训难以熟练掌握，从而让应用过程难到位、效益打折扣。二是项目部技术人员本身工作量大，不愿花费太多精力去学习 BIM 技术等。

但是就我们这些年的经验来说，应该以发展的眼光来看待。一方面随着 BIM 技术系列软件的改进、咨询企业服务的提升、建筑行业信息化水平的整体提高、项目技术和管理要求的强化，BIM 应用的直接效益将日益明显，BIM 应用在企业品牌建设、效益提升中的作用将更加重要。另一方面，结合我们企业 2017 年 BIM 应用的考核工作来说，企业的坚持也能改变这种短期现象。相信在不久的将来，这些问题都将不再是问题。

湖南建工集团是如何应用 BIM 技术实现项目精细化管理的?

在我们企业的整体 BIM 发展规划中,施工阶段的精细化管理就是建立数字化项目,以 BIM 模型为核心,围绕项目管理的基础工作,展开工具级和跨岗位的协同管理应用,形成"一心六面多岗"的项目管理模式。一心即以 BIM 模型为核心,六面是指项目管理包括商务、物料、质量、安全、进度、资料等六个方面,多岗即在各个岗位围绕项目管理的基础工作,展开单项工具级和跨岗位的协同管理应用。

建立数字化项目需要强调数据化和精确性。数据化是精细化管理最重要的特征之一,有了数据化,则精确性即有其意义。在数字化项目的技术驱动与管理协同下,每个阶段细节上都可以做到精细化、数据化。同时,这些精确资料又会成为管理者进行决策的重要依据,使决策更具科学性和可操作性。

施工精细化管理没有固定的模式,不能一蹴而就,需要一个不断改善、不断提高的过程。通过研究和实践,我们发现基于 BIM 技术,企业能够获得科学的目标数据、真实的实际数据和客观的评价数据,从而帮助企业较大程度地提升施工阶段的精细化管理水平。

就这一点而言,目前企业间的发展水平参差不齐,不少大中型企业已经结束了技术实现的摸索期,开始进行项目管理的整体统筹和企业的体系构筑。发展较慢的企业仍然处于尝试、摸索阶段。因此,行业要想改变施工阶段信息的缺失、数据的不透明性的状态,还需要作出更多努力。企业需要不断改进和完善管理流程,从管理的实践经验中不断总结,不断提升。

前面说过精细化管理的重要特征之一是精确的数据,依靠 BIM 技术即能实现这一目标。采用"一心六面多岗"的项目管理模式能很好地提高项目协同管理能力,以保证每个环节中都能够从实现项目的精细化管理角度出发,为整体项目提供实际价值。

在这方面湖南建工集团有大量的 BIM 应用案例可以分享,各分子公司发展的侧重面有所不同,中湘海外二公司枫华府第项目就是一个比较好的精细化管理的代表案例,通过 BIM 应用平台将传统施工项目的进度、质量、安全、管理数字化,这是一种工作方式的转变,是实现企业和项目信息化管理的基础。以 BIM 技术为切入点,BIM 协同平台为枢纽,将传统项目的生产要素以及经营要素数字化,可实现多个系统同步、大量信息共享、随时可调整等工作特性,从而达到减少施工变更、缩短工期、控制成本、提升工程质量的精细化管理目的。

BIM 技术会替代传统项目管理系统吗?

BIM 技术为工程项目建设带来了新的技术手段和管理方式,很多人认为 BIM 技术的出现会取代传统的项目管理,但我认为 BIM 技术和传统项目管理应该是相辅相成的关系。BIM 会使项目管理变得更加便捷,让项目管理中繁重、机械的技术工作由计算机完成,管理人员能将更多的时间和精力放在管理上。例如,在项目进度和成本控制方面,管理人员将着重对进度偏差的原因、工程建设的技术经济指标进行分析,而不需要将大部分时间花费在进度计划编制及工程量的计算上。

至于说 BIM 平台能否替代传统的项目管理系统?我认为 BIM 平台不会也不能替代传统的项目管理系统。传统的项目管理系统是基于企业不同职能部门的业务需求,把企业管理分为财务管理、人才资源管理、质量安全管理、采购管理等方面，并且是针对各自专业领域而单独存在的，BIM 的出现更好地将这些管理系统进行了有效的整合和信息联动，并能以 BIM 模型为载体更直观地展现在人们面前，不再是单纯、枯燥的数字报表。同时，平台的协同工作打通了各管理部门之间信息孤岛的现象，实现了管理系统之间数据的互通、共享，更加进一步地挖掘了各管理系统所带来的价值。

是否该制定企业 BIM 标准，企业 BIM 标准该如何制定？

对于施工企业而言，制定企业的 BIM 标准是很有必要的。完善的 BIM 标准是企业 BIM 技术推广应用的重要性因素，对提高 BIM 的建模效率和应用水平，以及整个 BIM 技术行业发展都有非常重要的意义和作用。建筑企业制定相应的 BIM 标准对建筑产品信息模型相关体系进行规范，将成为建筑生产行业与建筑产品应用行业进行产品信息交流的纽带，有利于建筑产品生产行业与建筑产品应用行业的信息化对接，促使产品规范性、应用性、实用性和适用性的提升。

我认为制定企业 BIM 标准应明确企业的 BIM 组织实施管理模式、团队构架、模型要求、管理流程、各参与方的协同方式及各自的职责要求、成果交付标准等六个方面。企业应根据自身的经营范围、项目大小、业主需求找到应用 BIM 技术的最佳途径，逐步制定企业内部的 BIM 实施策略和标准。要把握好"两个接口"和"一个整合"的问题。一是解决好与国家和行业的技术标准、技术法规、技术规范的"标准接口"。二是解决好企业系列标准体系中"各子体系接口"的问题。三是把企业标准体系同企业一体化管理体系整合起来。

企业在制定和推广标准的过程中，一是要重视标准的修订，建立标准修订机制，对标准进行不断的完善、丰富和创新。二是要制定有效的监督标准执行手段或方法，确保标准实施落地。三是要能够为工程建设的全过程、全专业和所有参与方提供 BIM 项目实施标准框架与实施标准流程，为 BIM 项目实施过程提供指导。

作为施工企业，应该围绕建筑产品的生产和服务过程，建立健全企业的技术标准、管理标准和工作标准体系，通过推进、加强标准化管理，实现施工过程的规范管理和安全生产，为社会和业主提供优质的建筑产品和良好的服务。

施工企业应用 BIM 技术的驱动力有哪些，企业应如何看待 BIM 投入与产出的问题？

对于施工企业应用 BIM 技术的驱动力，我认为可以归纳为三点：一是政策驱动。自 2008 年 BIM 技术在国内应用至今已接近 10 年，特别是近 5 年来，从国家到地方政府，通过政策、文件的形式强制推广 BIM 技术。湖南省要求"到 2020 年年底，建立完善的 BIM 技术政策法规、标准体系，90％以上的新建项目采用 BIM 技术"。二是市场导向。随着技术的不断进步，越来越多的社会投资项目也日益重视 BIM 技术的应用，并在招标投标中明确要求应具备 BIM 的实施能力。BIM 技术将成为行业的准入门槛。作为施工企业，想在日益激烈的竞争环境中立于不败之地，必须转型、突破、创新，积极开展 BIM 技术应用。三是建筑行业竞争、技术驱动。随着建筑行业的日益成熟，行业的利润空间压缩变小，作为大型施工企业，我们也在不断探索新技术，改变传统的粗放式管理模式，运用 BIM 技术实现精细化的工程管理和建筑各阶段的流程再造，最终实现降本增效。

关于 BIM 应用投入产出的问题。有调研表明，BIM 应用率达到 30% 是投入与产出的一个平衡点，无论是设计企业还是施工企业，BIM 技术应用需要达到一定规模和程度才能看到效益。就湖南建工而言，可以明确地说在 BIM 技术应用的第一年，都是由集团从科研经费中拨款义务扶持各个项目的 BIM 应用，直到今天，集团宏观上的 BIM 工作依旧是采取义务扶持的方式进行。但细化到各个项目，由于 BIM 技术的日益成熟，已经部分实现了降本增效，相信随着 BIM 技术的不断推进，效益及产出将更加显著。但 BIM 技术的效益不能单看一个阶段或是单看经济效益，从建筑全流程整体来看是节省投资的，也能促进项目质量、安全、管理方面的优化，从而实现建筑工程整体效益的提升。

推动 BIM 应用的阻力有哪些，施工企业应如何推动 BIM 的发展？

现阶段，我认为推动 BIM 应用的阻力主要集中在两个方面：一是多部门协同管理。随着 BIM 应用的不断深入，BIM 技术在施工企业信息化协同管理方面的作用展现出更核心的价值，但要改变已有的工作模式，打破部门间的隔阂，在项目层面实现多岗位协同办公，在企业层面实现多部门的信息共享，在实施和推进过程中还是会面临重重阻力。二是全流程数据传递。目前，国内企业的 BIM 应用大多集中在"碰撞检查"、"管线综合"等应用点上，从项目全生命周期的跨度来看，BIM 技术的应用率不足 30%。由于应用标准、交付标准的不统一，BIM 成果很难或很少在项目各个阶段进行传递，导致 BIM 的价值无法完全体现。

对于企业而言，效益是最重要的价值追求之一，这就容易产生一个关于时间与效益的矛盾。BIM 是建筑业技术升级的未来，我建议广大同行在践行 BIM 的路上，既要充满干劲、又要保持耐心，从企业长远发展的角度制定企业层面的 BIM 发展规划，从组织机构、项目应用、人才培养三个方面建立完整的发展方案。

在组织机构建设上，企业要设立专门的 BIM 部门，并赋予它足够的资源支持，统筹企业的 BIM 应用推广和技术研发工作。在项目应用上，应当从试点出发，通过真刀真枪的实践，完成自身对 BIM 认知的系统性完善，在过程中保持持续思考，将知识与技能锤炼为能力，并积累形成可复制的应用方法。再进行以点带面的推广普及，以及在应用深度、应用领域两个维度上进行拓展。在人才培养上，要兼顾企业短期与长期的人才需求，制订整体的人才培养、培训计划，注重多专业、多层次的人才梯队建设，储备各专业类别和技术层次的 BIM 工程师。

未来 BIM 的应用趋势将如何发展？

近几年，BIM 发展的速度非常迅猛，超过了以往任何一次建筑行业技术革新的势头。我们曾将施工企业 BIM 的发展过程分成自发、摸索、体系、拓展四个阶段。自发阶段对技术的理解局限在 BIM 三维模型上，片面地将建模理解为 BIM 技术的全部，技术应用未能融入生产过程。摸索阶段能够有意识地以生产为目的而拓展 BIM 应用，但应用点未能针对项目特点展开，并且缺乏深度，致使产生效益不明显、投入产出不对等的结果。体系阶段建立起职责分工、人员体系明确的 BIM 专设机构，项目 BIM 的展开更具规划性，以效益目标为出发点，主动思考技术切入点，量体裁衣地选择 BIM 的技术路线及工作组织形式。拓展阶段能够在满足自身发展的同时向外提供 BIM 咨询服务。在应用领域上，BIM 由单一房建工程拓展至市政、公路、桥梁、机电安装和水利水电等多专业，由单纯的技术工具拓展为企业管理工具。从产业链条上的价值传递来说，通过与其他产业包括物联网、城市管廊、建筑工业化、智慧城市和物业管理等进行跨界叠加，BIM 的价值将体现在从设计到施工再到运维的工程项目全生命周期。

　　未来几年，整个行业的 BIM 发展处于加速期，分化与同化将同期发生。随着经验与信息的积累，处于一、二阶段的企业将陆续走出迷茫期，找准方向迅速向第三阶段靠拢。具有领先优势的第三阶段企业若缺少明确思路与强劲执行力，将被一、二阶段的企业迎头赶上，失去如今的优势。第三阶段的企业如果加大投入力度、拓宽应用领域、向运维阶段跃进，探索"BIM＋"应用，将迈向第四阶段，与管理相融合、与新技术跨界叠加，成为强有力的工具，塑造强大的核心竞争力。

BIM 应用现状专家观点——汪少山

汪少山介绍

广联达科技股份有限公司副总裁，广联达 BIM 业务负责人，中国图学学会 BIM 专委会委员。曾参与编写《中国建筑施工行业信息化发展系列报告》，参与指导多本企业 BIM 实施方法书籍的编写。2015～2016 年参与策划工程建设领域 BIM 技术应用全国大型公益讲座及其他国内知名 BIM 会议。受邀接受《施工企业管理》、《中国建设信息化》、《中国勘察设计》等国家专业期刊专访。以下是汪少山先生对 BIM 应用现状的观点解读。

我国 BIM 技术的发展现状是怎样的？

中国经济步入高速发展的新常态时代，为面临转型升级的传统企业提供了不可多得的市场机遇，BIM 技术的加速创新和深化应用，成为我国建筑业发展的巨大推动力。下面我可以从三个方面简述我国的 BIM 发展现状。

首先，在国家政策方面，BIM 的相关政策正在不断制定和完善。如今，智慧城市上升为国家战略，国家层面对 BIM 技术应用发展的关注正在不断升温，以 BIM 为代表的新技术，将成为数字施工和智慧城市发展的主要驱动力。2015 年，随着我国工程建设领域第一个国家层面关于 BIM 应用的指导性文件——《关于推进建筑信息模型应用的指导意见》出台，加快建筑信息模型（BIM）在工程中的应用已上升至国家指导意见的高度。今年，国务院 19 号文件《关于促进建筑业持续健康发展的意见》中，提议各部委加快制定 BIM 规章制度和标准，推动建筑行业标准化建设。后续各地支持 BIM 技术应用发展的相关政策正在争相落地，例如，上海市 BIM 政策明确提出，对在项目上使用 BIM 技术的施工企业或设计单位给予一定的技术补贴，鼓励企业在感受到 BIM 价值后自主推广。目前，国家也在逐步改善 BIM 应用政策标准，政策红利将进一步释放，BIM 技术或将迎来快速增长。

其次，在建筑行业方面，应用 BIM 技术是推进建筑产业现代化的有效途径。对于建筑行业来讲，实现智慧建造和工业化就是要真正告别以往的粗放式管理，走向精细化管理，最终降低成本、提升效益，而 BIM 技术的应用便是达成这个行业发展目标的重要路径。由于 BIM 技术具有可视化、集成性、协同性的特点，基于 BIM 技术的项目管理平台，往往能够突破传统管理技术手段的瓶颈，使得模型和数据的结合能够贯穿建筑全生命周期，让项目中的每个人都能随时随地获取项目信息，从而实现精细化管理，加快产业升级，打造"中国建造"品牌。

最后，在施工企业方面，BIM 技术是施工企业实现精细化管理的核心工具。如何通过施工技术革新和项目管理结构升级，实现企业精细化管理，是现阶段施工企业最急迫的诉求，而基于 BIM 技术的项目管理平台，可以为企业信息化管理提供强大的数据支撑和技术支持，满足企业的这一诉求。

比如，在施工前期项目策划阶段，通过施工模拟优化施工组织设计，完成最优方案的资源配置，有效避免返工和浪费；在施工过程中，进度、成本、质量、安全、图纸、物料等过程管理信息可实时上传至云端，满足现场各岗位管理应用的同时，将现场管理信息及时同步到企业管理层，便于企业管理层随时随地获取到项目过程管理信息，进行精细管理和有效决策，从而提高项目管理效率。

如何看待建筑行业内关于 BIM 技术的不同声音？

随着 BIM 技术应用推广的逐渐深入，现在业内的确出现了不同的声音，有的非常支持 BIM 技术发展，有的在犹豫是否要应用 BIM 技术，有的则非常谨慎，甚至持反对态度。对此，我认为，业内对未知的科技发展存在疑虑是正常现象，应当综合考虑并理性地面对不同的声音。

此现象的出现，主要是因为 BIM 技术的应用推广仍处于初级阶段，尚未达到规模化应用，且缺乏规范化的应用标准法则。尽管很多企业已经开始尝试推广 BIM 应用，但是在施工落地过程中仍然存在各种各样的问题，在起步阶段，BIM 技术带来的更多是企业品牌形象及管理效率的提升等无形的成果，暂时无法直观地看到或量化 BIM 技术的价值。

当然，任何一项新技术的发展，都需要在使用过程中根据项目需求和行业变化而不断完善，不可能一开始就是完善的，这是不可回避的现实。比如网络支付技术，在发展初期，同样面临来自传统支付方式的较量和社会大众的质疑。随着互联网科技的发展，网络支付与传统支付方式不断融合，支付宝和微信支付等网络支付已然成为如今日常支付方式的重要组成部分。同理，作为新兴的建筑信息模型技术，BIM 技术的推行也需要从传统到新模式过渡，与原有的项目管理模式融合。

换个角度讲，对于 BIM 技术发展的不同声音，或可帮助我们找到项目需求难点和行业痛点，在技术上实现产品价值点的突破，将 BIM 技术融入施工全生命周期的业务中，为企业带来可视化的经济价值与管理效益，推动 BIM 技术的升级与发展，逐步形成新的建筑施工技术环境。现阶段，从国家政策、建设行业或企业自身发展诉求来看，BIM 发展的红利时代已然来临，BIM 技术等新科技的发展是势不可挡的。

如何看待 BIM 技术和项目管理体系的关系？

BIM 技术和项目管理体系都服务于施工企业，BIM 是建筑行业新生的技术手段，项目管理体系是企业必备的管理手段和管理方法，二者之间是不矛盾的。

基于 BIM 技术的新型项目管理体系是以传统项目管理体系为基础的，并实现了传统项目管理体系的转型升级，并非彻底抛弃了传统项目管理体系，二者是无法割裂的。由于每个时代的发展均伴随着新技术的诞生与升级，BIM 技术即是工业 4.0 时代应运而生的产物，它的出现的确会对施工企业的传统项目管理体系带来一定的影响。充分发挥 BIM 技术的优势，促进项目管理体系转型升级而产生更优的管理手段，这便是我们通常讲的基于 BIM 的 PM 管理。因此，笼统地将 BIM 技术和项目管理体系分离是片面的说辞。

关于基于 BIM 的新型项目管理体系会替代传统项目管理体系，这种全盘否定的理论是不提倡的。因为在推行过程中，可能会适得其反，导致企业内耗增加。建议施工企业选择合适的项目为试点，以技术手段的方式，尝试使用 BIM 技术。在试点项目产生效果的基础上，逐步进行内部管理变革，通过螺旋上升的方式让 BIM 技术和项目管理体系相互影响，最终实现 BIM 技术和项目管理体系的相互融合，积累和总结出具有企业特性的方法论。此时，BIM 的价值将直观可见，最终实现企业精细化管理的目标。当然，在这个过程中，施工企业内部可能会发生一定的变化，例如，在项目的组织架构上，或增加新的组织，或淘汰不能适应发展的人或组织，或合并某些组织。在项目中的工作方法上，从管理层到项目部的工作流程和操作系统或将进行新的调整，需要企业员工对新的工作方法有适应的阶段。

总之，BIM 技术会对项目管理带来多大的价值，基于 BIM 的新型项目管理体系能否在企业中落地生根，需要企业不断去实践探索，并在实践中积累经验，总结出更优的 BIM 推行和项目管理方法论，形成最适合企业自身发展的基于 BIM 技术的项目管理体系。

现阶段施工企业推行 BIM 时存在哪些问题，如何解决这些问题？

很多施工企业在接触 BIM 技术之初，对推广 BIM 技术的积极性很高，但是在实施进程中，对于采用怎样的方式可以让 BIM 技术在企业项目中应用落地，大多数企业是迷茫或者面临重重困难的，我大致总结出以下几点：

第一，企业对 BIM 技术的认知存在误区。在推行 BIM 技术的过程中，常伴有"BIM 万能"的论调，这是对 BIM 技术认知的误区，同时也体现了行业内典型的浮躁心态。俗话说，BIM 不能将二流企业变一流，由于 BIM 有自身的发展轨迹，不同企业应用 BIM 的阶段和程度不同，BIM 的应用效果自然也是不同的，不可急功近利。例如，有些先锋企业已经提前进入了理性阶段，开始深度推广 BIM 技术应用，而有的企业还处于初次尝试的起步阶段，这两种类型的企业应用效果自然不同。

从某种意义上讲，我们必须把 BIM 请下神坛，BIM 技术是获得企业项目效益的一种技术媒介，而能否达到期望项目效益取决于施工企业如何使用它。BIM 在项目上的应用落地不是一蹴而就的，对于不同发展阶段的企业，BIM 技术的推广轨迹自然不同。要结合企业自身特点，分阶段逐步改善，在人才培养、管理架构调整等方面循序渐进，只有在企业 BIM 技术发展的土壤具备足够的营养环境后，BIM 技术才能在企业项目的沃土中逐渐成长壮大，最终突显 BIM 技术真正的价值，达到企业的期望效益值。

第二，企业缺乏 BIM 整体体系规划与布局。BIM 并非单一的软件，而是基于 BIM 技术构成的有机整体，单纯的猎奇求新、依靠单一的 BIM 软件而缺乏必要的整体布局规划，想要实现企业的 BIM 应用落地是不可能的，这也是 BIM 技术推行过程中的一大问题。

我认为，首先，企业应当梳理出现有项目、业务和工作难点，清晰地认识到企业自身的发展需求。这期间，可以邀请 BIM 软件和咨询公司，或者已成功应用过 BIM 的施工单位进行深入交流，结合企业自身特点，制定 BIM 推广整体布局规划。其次，与项目进度管理类似，企业应制订符合企业自身需求的 BIM 分阶段实施计划，拥有具体、细致的实施节奏。在实施过程中，要分清主次缓急，在不同的阶段中追求不同的 BIM 推广目标。具备 BIM 整体体系化布局和细分阶段规划，才能在众多推行 BIM 技术的施工企业大军中异军突起。

第三，企业缺少 BIM 专业人才梯队。BIM 人才紧缺是目前施工企业推行 BIM 面临的主要困境，关于企业 BIM 人才梯队的培养，很多企业的实际做法是根据自身的业务属性，灵活选择，目前这个问题的主要困惑是在以培养为主还是以引进为主上。究其原因，主要是无法衡量 BIM 人才投入与人才流失的成本问题。在 BIM 价值不明朗的阶段，企业大多认为 BIM 人才投入成本过高，或不希望投入过多，一旦人才流失，便会造成企业人力损失，而引入或外聘的 BIM 团队又会出现无法控制和驾驭的问题。

对此，我建议企业内部必须有核心的 BIM 管理人员或者团队，具体的实施业务工作可以外包给有经验的咨询团队。按照 BIM 应用种类划分，BIM 工程师主要分 BIM 建模工程师和 BIM 应用工程师，其中，BIM 建模工程师的培训时间相对较长，建议引进在项目上有 1～2 年实践经验的技术人员进行培训。BIM 应用工程师的培训相对简单，可以直接对企业自己的业务人员进行培训。选择业务人员需要涵盖到技术、工程、质量、商务等多方面。具体的培训形式可根据自身需求选择性价比高的方式，这样才能上行下效，事半功倍。

对于 BIM 技术推广初期的企业，BIM 技术服务提供商能够做什么？

BIM 技术作为促进我国工程建设行业创新发展的重要技术手段，正给我国建筑业带来巨大的发展动力。作为我国建设行业信息化产业的唯一一家上市公司，广联达对 BIM 技术的推广落地义不容辞。

在 BIM 工具方面，我们将为企业提供整体 BIM 平台解决方案，包括岗位级、项目级和企业级的三级一体解决方案。在这个整体解决方案中，所有产品"可分可合可连接"，换言之，不同企业可以根据自身特点选择最适合自己的 BIM 工具解决方案，比如二级资质的施工企业只需要应用岗位级 BIM 工具，主要解决操作层面的现场施工问题，方案即可提供岗位级工具。或者如果企业想要解决工程进度问题，那么解决方案可以提供项目级平台，实现施工过程中，动态项目信息在不同岗位间互联。我建议企业可选择不同的 BIM 试点项目，尝试选择不同的 BIM 解决方案。

在专业人才培养方面，我们将为施工企业提供专业人才培养和交流的机会，为企业培养专业的 BIM 应用型人才和管理型人才尽绵薄之力。近年来，BIM 直播课堂、线上自学资料共享和深入企业进行现场教学培训等活动陆续开展。自 2015 年 3 月起，广联达组织发起了国内专业 BIM 人员公益组织——GBC 社团。GBC 以"BIM 先行军，应用实践者"为核心理念，致力于传播最新的 BIM 应用知识，分享最有价值的 BIM 实践案例。以特训营的分享形式推动 BIM 在企业项目中应用落地。GBC 聚集了一批批勇于创新、积极实践的 BIM 核心人才，形成了一个以 BIM 实践为核心的 BIMer 圈子。经过 GBC 成员的不断摸索，逐渐完善，一套"BIM 变革"方法论已经形成，在此方法论的引导下，上百家企业已经走上了 BIM 新征程，真正实现了 BIM 的应用落地，为企业创造价值。

在 BIM 行业标准的制定方面，广联达企业内部已制定相关标准，将数据按照统一格式进行导入、输出，所有 BIM 产品都用这一标准进行交互，采用统一的标准接口解决模型对接、数据互通的问题。从整个行业来看，数据的交互是行业发展的必然趋势，需要行业内各企业的共同努力，未来的 BIM 软件应当在统一的标准和平台环境中共同发展。在推进中国建筑行业 BIM 技术应用发展的进程中，希望 BIM 技术服务提供商能够始终秉持开放心态，推动行业标准的制定与完善，将数据基于同一标准，打造一个真正合作共赢的 BIM 生态圈。

BIM 应用现状专家观点——杨晓毅

杨晓毅介绍

中建一局集团副总工程师，教授级高工，国家一级注册建造师，全国优秀科技工作者。负责企业 BIM 技术研究应用的顶层设计、体系建设、科技研发与技术支持服务等。主持中建总公司《建筑工程施工 BIM 集成应用研究》的子课题《造价管理 BIM 应用研究》、财政部与中建总公司课题《基于 3D 打印技术的装修细部做法制作安装研究》等多项前沿技术的课题研究工作。

参与编制国家标准《建筑工程施工信息模型应用标准》，主编协会标准《竣工验收管理 P-BIM 软件技术与信息交换标准》。先后策划与主持了深圳平安金融中心、利星行项目、北京长阳万科项目、海南三亚亚特兰蒂斯等项目的 BIM 技术实施工作。主持进行集团 BIM 技术数据资源库的开发与应用工作，为集团及各子企业的 BIM 技术拓展应用提供基础平台，并先后在龙图杯、中建协 BIM 竞赛中多次获得一等奖。主持国家电力调度指挥中心以及中央电视台新台址项目获鲁班奖。以下是杨晓毅先生对 BIM 应用现状的观点解读。

如何理解施工阶段的精细化管理，目前我国的精细化管理处于什么水平？

中建一局施工阶段对精细化管理的理解是从参考日本建筑企业开始的。日本的精细化管理水平在全球都是领先的，非常值得我们学习。在和日本大成公司的交流中，我看到了日本施工企业精细化管理的两个现象：一是日本施工企业的组织模式属于大总部，小项目。企业承接工程后，总部会把项目的工作内容分解得很细，项目部完全按照总部分解的内容进行实施。通过这样的组织和工作分工，保证项目的作业过程能够按照公司要求严格执行。工作任务细化到工序层面后，意味着每个工序都有合理的搭接时间，不一定做快了就是好。另一个现象是施工总包企业不会过多地干涉项目的执行过程。在日本，有很多专业化施工队伍本身就具备很强的技术实力，能够自己处理放样、预留预埋等相关的精细化工作内容。这种专业分工的出现，也是建筑业精细化管理的基础，拥有了产业工人的基础，才能有专业化分工合作以及精细管理的出现。

但是我国的施工企业有自身的局限，无法直接照搬日本模式。目前，国内施工阶段精细化管理的水平还是比较低的，我分析核心原因有以下三个方面：

第一是行业承发包模式的约束。国外工程承包中，EPC（设计施工一体化）是一个通行的模式，这种模式保证了设计单位和施工单位的利益一致性，能够极大地减少设计和施工环节间的争议，确保施工过程能有序进行。国内 EPC 总承包模式覆盖的范围主要还局限在石油化工等行业，没有普及到民建、市政等建设中。这使得国内施工和设计阶段形成脱节，施工方需要承担很大一部分的方案优化工作和深化设计工作，频繁的变化给精细化管理增加了难度。

第二是施工企业管控模式的限制。国内施工企业大多是强项目、弱总部的管理模式。施工企业总部对项目的管控力度、深度都不足，造成施工现场管理的权责利不对等，使得公司推行的新型管理模式在项目上会遇到不少阻力。

第三是行业作业人员的能力限制。建筑业过去二三十年发展过快，一方面导致施工企业的技术竞争压力不大，无暇顾及科研方面的投入；另一方面导致很多非专业化的工人必须去填补行业快速增长下的用工缺口。最后使得整个行业的人员价格走低，管理简单、粗放。

中建一局结合国内行业特点和企业自身现状，并参考日本的施工精细化管理方法，形成了一套适合自己的管理体系。

中建集团有自己的标准化项目管理体系，如何看待这些管理体系给企业带来的价值？

中建股份是国内最知名的建筑承包商。中建股份下有八个工程局，它们有不同的历史渊源、发展背景和管理模式。为了规避企业管理上的标准不一致、程序混乱的现象，股份公司一直在做内部的规范化管理工作，《中建项目管理手册》就是一个集大成的产物，是中建各工程局都需要遵循的最高项目管理标准。但在具体项目落地实施的过程中，各个集团公司以及下属单位会根据其自身的业务发展状况和管理要求编制二级、三级公司的标准化管理手册。股份公司和局集团的项目管理手册更多地提供纲领性的指导，而落地到三级公司的管理手册会真正和项目实际作业紧密结合，指导项目的实际实施工作。

在落实管理标准的过程中，三级公司首先会根据公司的管控要求，针对项目工作进行细化和分解；然后结合月度、季度等时间节点参照项目管理手册对项目进行考核和检查；过程中工程局会进行抽查并针对结果进行考核和整体打分。这样的要求和考核机制，落脚点都非常细致，如技术流程管理、施工组织编制要求、施工方案编制要求等。这些要求保证了管理体系的落地，也为项目实际操作带来了标准化的价值。但是，在标准化管理体系落地的过程中，也出现了一些问题。因为目前的管理手册内容很丰富，业务很深入，这就对阅读和应用标准化管理手册的人员提出了很高的要求。可能存在部分项目乃至三级公司的实际操作层，不能够完全理解和领会标准化管理体系的要求，造成应用效果打折扣的情况发生。我们也在寻求通过借助其他新技术解决这个问题，我认为 BIM 技术在这方面应该会有可发挥的空间。

是不是每个企业都有自己的项目管理体系，BIM 如何与标准化管理要求进行结合？

相对中建，目前编制标准化管理体系的企业还是比较少，这也和各企业自身的项目规模有直接的关系，要想在市场上扩大自己的份额，类似的项目管理体系还是非常重要的。中建内部存在盘子大、地域广、管理标准不一致的现象，这些都要求有一个统一的、基础的管理标准。而地方性企业施工区域大多固定在相对稳定的地区，在那样的管理深度和幅度下，大部分的管理工作通过日常沟通基本可以达到要求，故编制标准化管理体系对他们来说就不一定是必需品了。同时，编制标准化管理体系对企业实力、人员能力、管理水平都提出了很高的要求，这也影响了地方性施工企业制定标准化管理体系的进程。

关于 BIM 和管理制度的结合，这是我们管理人员需要思考的方向。从中建一局的角度来看，我们目前的标准化要求包括项目管理手册、安全标准管理手册、CI 管理手册等。项目管理手册更多地覆盖的是流程性的控制，我们目前努力在把项目管理手册和 OA 系统进行衔接，推动信息化的改造。而安全标准和 CI 标准则是我们优先考虑和 BIM 结合的应用点。以 Revit 软件为例，因为族库是相同的，这样局总部完成 CI 标识的建模工作后，就可以提供给局系统内其他单位进行复用；同时也能够通过模型及其附着的信息，快速了解现场的临建投入及管控薄弱点，能够大幅减少现场一线技术人员的工作量。与此同时，随着 BIM 技术的逐渐完善以及项目管理手段的逐渐标准化，两者之间会在进度、成本、质量、安全等各个业务的衔接上存在更多的可能性。

如何通过 BIM 技术实现项目的精细化管理？

BIM 技术如果要在精细化管理上落地，需要标准化、精细化、信息化这三化联动、结合。标准化是指现场作业的工艺工序规范程度；精细化是指项目管理的深入程度；信息化是支撑标准和精细落地的手段。

这三化一定是联动而且互相促进的。只有标准化程度足够高，才能让精细化有依据，只有精细化管理的要求出现，才会需要信息化的手段支撑；而信息化的水平提升，又能推动标准化和精细化的落地。如果前期没有标准化的积累，项目实际作业中去做精细化管控的工作量是非常大的，很难持续。相反地，如果有了标准化的积累后再去推动精细化，很多工作不用再重复实施，就能提升整体应用的效率。最后，信息化能够让这个管理模式运转起来，让信息的流通更加高效、准确。所以，标准化、精细化和信息化不可能单独发展，"三化"肯定是相互制衡、相互促进，通过整体发展才能落地的。

推动过程中肯定也会面临很多的困难。我先说说要注意的几个方面：

首先，除了前面提到的推行精细化管理本身面临的困难，我们还要考虑 BIM 技术和精细化管理结合的落脚点问题。我觉得 BIM 技术必须得和一线工人的现场工作结合起来，指导和帮助他们实际生产，这也是一个难度最大的挑战。

其次，管理变革和技术更新要同步进行，互相推动。如果 BIM 技术在传统施工管控模式下推行，不但发挥不出优势，甚至还可能成为项目实施的负担和阻力。这就要求企业在推行 BIM 应用的同时升级项目管理的思维和手段，这样才能让两者更好地结合，从而产生价值。我觉得这也是发挥两者最大价值的必由之路。

另外，企业要推行 BIM，最终一定得是全员 BIM，而不是简单地培养几个 BIM 工程师。中建集团已经要求企业各阶层、各岗位全员去接触并应用 BIM 技术了。BIM 甚至已经变成了相关人员的基础能力。目前，我们每年在企业各个业务线上定期举办 BIM 培训，目的就是希望全员能够具备 BIM 的应用能力，进而可以和我们的管理思路进行结合。

当然，不同的企业有不同的实施路径，如果有一些企业刚开始接触 BIM 技术，建议还是从简单的试点项目起步，培养人才，积累应用方法，提升配套的管理体系，然后再推行到复杂项目。如果一开始就从很复杂的项目开始，企业 BIM 应用的能力和经验都还不足，不但得不到理想的效果，还打击了信心。

从标准化施工到精细化管理，BIM 技术能为施工管理带来哪些价值？

标准化是实现精细化的基础，上面我们提到了企业在执行标准化管理的时候，在向项目和二级公司的作业层传递时出现了偏差，我认为利用 BIM 技术可以解决这个问题。施工过程中，通常我们会对项目工作进行拆分，以提升标准化程度。虽然每个建筑项目都有它的独特性，但是如果我们将每一个建筑项目的工作内容拆分到相对小的单元，比如到现场作业的工艺工序这个单元，就会存在很多标准化的东西。这个时候就可以通过 BIM 的可视化特点进行三维甚至动态呈现，加强作业人员对该作业内容的理解。这是我们所说的 BIM 提升标准化施工的一个例子。

但如果是大型的作业任务，BIM 还可以对项目的管理提供价值。比如大体积混凝土浇筑，每个项目的浇筑方案可能都不一样，最终考量的还是混凝土罐车、泵送设备、作业环境和操作工人的协调。大体积混凝土浇筑涉及多个工艺的穿插和协调，罐车在哪里下灰，后续罐车在哪里等待，现场平面怎么协调管控等，这些问题就不是单纯靠工艺要求可以解决的了，而是一个管理问题。这就需要从标准化施工提升到精细化管理的层面。这种管理要求，需要方案设计人员对现场和工作内容的理解非常到位，同时又有丰富的经验，考虑周全，确保现场作业有序进行。这个时候，通过结合 BIM 场地模型信息和时间这个维度，可以在计算机中完成整个大体积混凝土浇筑的施工推演，让现场管理人员提前发现可能出现问题的地方和可能需要协调的方面，规避了过程中出现问题造成的损失。

总而言之，如果一个企业能够形成非常标准化的管控体系，能够结合 BIM 技术快速地把项目实施过程分析清楚、管控点落实到位，就意味着只要很少的管理人员就能做到对现场的精细化整体把控和管理，其价值不言而喻。

您如何看待 BIM 平台与项目管理系统的关系，BIM 平台会替代传统项目管理系统吗？

BIM 平台和项目管理系统肯定不是替代和被替代的关系，我认为是相互融合的关系。BIM 技术可以为项目管理系统赋能，从而提升企业管理水平。

传统的项目管理信息化平台做了很多年了，它没有真正推动起来的一个重要原因就是现场数据的采集和录入问题。比如现场实体工作量的提取，目前就比较困难。现场工作绑扎了多少吨钢筋、加工了多少吨钢筋等，这些盘点的工作量非常大，很难让管理人员快速了解现场状况。数据采集完，项目上每天还要专门安排一到两个人负责在管理系统里上传，大量的人工录入工作导致数据的准确性和真实性都会出现问题，起到的指导作用自然也就不如预期。但应该说，传统的项目管理平台是基本匹配我们项目管理业务流程的，精细化管理的思路在其中是有所体现的，遗憾的是在落地过程中出现了问题。

有了 BIM 技术，除了可视化的价值之外，最主要的就是基于数据的协同管理价值。这也恰好能够弥补传统项目管理平台的数据来源问题，通过 BIM 技术和物联网的结合，能够高效、准确地进行数据采集、录入、存储和读取，让这些数据真正流动起来。例如，项目过程管理的时候，质量安全、材料物资等大量的管理都需要生成表单，形成数据，并和管理平台挂接。一旦录入时没有严格按照要求，传统管理平台里这些数据的提取、处理效率就会很低。而利用 BIM 技术，很多数据是和模型直接关联的，可以快速、精准提取。在过程管控中，还可以随时生成新的数据。如果能将这些数据和原有平台进行联动，就能够支持一线人员作判断和分析。

目前，在有些项目上尝试使用的"智慧建造平台"，也是把 BIM 技术和传统的项目管理平台融合在一个具体项目上的应用案例。

如何看待 BIM 技术在施工行业应用中遇到的困难？

很多人谈到推广 BIM 的困难时都会提到，比如企业的投入不够、从行业到企业都缺少标准、人员能力不匹配等，其实我认为有个很大的问题就是 BIM 和一线的生产结合不起来，这会严重制约它在项目上的推广。现阶段 BIM 应用工作最需要解决的就是应用如何落地，但很多的 BIM 应用还不能真正解决项目的实际问题，不能完全指导现场一线的实际施工。

举个例子，现在很多项目都在用 BIM 软件进行排砖方案设计。去年我去检查我们的一个项目，也是 BIM 中心的工程师用软件提前进行了排砖，但是模型设计上仍然存在很多问题。比如砌筑工程的抗震规范要求采用混凝土梁上嵌挂的方式，但是 BIM 技术人员没有考虑构造柱、洞口的预留，嵌挂柱就会与混凝土柱靠得很近，从而导致了现场施工复杂、不美观等问题。为什么会出现这样的问题呢？因为现在很多的 BIM 软件操作者，都是刚毕业的年轻人，甚至有些学的还不是建筑专业。他们对规范的了解程度不深，对现场的实际状况更是生疏。所以，BIM 工程师不能只待在办公室研究软件操作，他们必须到现场去参与实际的管理，不然永远都是纸上谈兵。

这里我们还是绕不开 BIM 中心或者 BIM 工作室这个组织。很多企业和项目都成立了 BIM 工作室，在现在这个阶段，企业有专门的 BIM 组织，本身我觉得没有问题。但是如果 BIM 中心的 BIM 工程师本身不懂业务，只能提供建模、施工模拟等软件操作服务，那这种所谓的 BIM 中心会在一定程度上制约 BIM 实施的效果。我们在中建提出全员 BIM 的口号，意思并不是让所有人成为 BIM 专家，而是要求不同专业的人要同时掌握该专业的业务和相关 BIM 技术，他既是一个业务员也是一个技术员。比如负责二次结构深化的责任工程师，既要熟悉砌筑的规范和工艺工法，也要会用 BIM 软件进行墙体排砖，并且在一个方案实施之前，他要跟分包、现场人员作整体的沟通，大家先有一个详细的讨论过程，再把这些相关的意见反映到深化设计的方案中。

推行了两年全员 BIM，我们看到 BIM 技术在项目上的落地应用有了实实在在的变化，因为我们不再是两层皮了。

在未来几年中建一局的信息化建设中，BIM 技术的推广是如何规划的？

未来三年，我们将继续实行"三步走"的大规划：全员应用、落地推广、创效应用。

两年前我们就提出了全员 BIM 的口号。近两年，企业制作了一系列 BIM 基础教育课件，用于人员培训。目前，已经采取全员入职培训的方式，扩大 BIM 技术对新员工的覆盖。这种跨部门培训还能够打通不同岗位之间的隔阂，因为 BIM 就是为了让信息在施工全生命期及全岗位之间自由流通的，从而指导现场项目实施。我们还和相关培训机构举办培训基地，扩大取证数量，并定期组织考核。

在这两年的落地推广方面，我们从集团到三级公司制定了完整的项目管理手册，将 BIM 等信息化技术和标准化施工以及精细化管理进行结合，真正在企业和项目上推行。同时，我们也在逐步打通内业和外业，让项目现场的信息真正流动起来，能够真正指导现场实际作业。

从明年开始，我们将会针对项目上已有的 BIM 应用点，进行详细的创效点和创效模式分析，让项目看到 BIM 带来了利润率的提升，真正体会到 BIM 技术的好处。刚开始肯定是单项技术慢慢创效，再逐渐由单项技术应用点扩展到规模化、系统化的创效链，形成联动的整体创效。前面做的工作更多的是企业主动，项目被动。只有让项目管理人员直观看到 BIM 带来的价值，他们才会真正行动起来，推广 BIM 这件事才有可能提速。

BIM 应用现状专家观点——于晓明

于晓明介绍

上海建工集团研究总院 BIM 研究所所长。高级工程师，比利时联合商学院 MBA。中国图学学会 BIM 专业委员会委员，上海市建筑学会 BIM 专业委员会委员，上海市安装行业协会 BIM 首席专家，中国建筑工业出版社 BIM 专业委员会委员。长期从事施工企业的技术管理工作，在建筑施工管理、工程咨询以及设计领域具有近三十年的管理经验。近年来，致力于在项目的施工管理、设计领域探索和推广 BIM 的理念与技术，通过在一系列重大工程中的实践总结，积累了丰富的 BIM 理论与操作经验。先后参与并主持了上海中心大厦、国家会展中心、上海迪士尼等重大工程项目机电施工阶段的 BIM 应用实践，获得多项全国 BIM 大赛的奖项。同时，作为主编、副主编、编委、课题组负责人，出版了多本有关 BIM 技术的书籍，参与了机电安装行业标准和上海市信息模型技术应用指南的编写工作。以下是于晓明先生对 BIM 应用现状的观点解读。

施工企业的标准化管理体系或企业管理标准在落实过程中存在哪些问题？

很多施工企业都有企业管理标准和管理手册，同时也配套了对于责任事故认定的相关制度，但是在具体的落地过程中，企业内部仍存在不按章执行的问题。目前的现状是和钱有关的制度相对执行得比较到位，比如财务和采购工作，就一定要走流程，相关报审单、价格确认单、合同流程、付款流程等都需要流程确认。而施工技术方面的管理标准执行起来就没有那么严谨，比如施工方案的审批，因为项目上等不起，就会边施工边审批，流程往往会置后，所以大部分施工方案还是按照习惯来做。其实，这样的现象就存在一定的管理风险。

我觉得施工标准化管理在企业内部难落地主要有三方面原因。一是管理层的重视程度不够。规章制度是有的，包括违章后的追责制度都有明确规定。但是不同业务线的执行情况截然不同。财务环节出现问题会涉及犯罪，那么财务管理的约束机制就足够健全，同时执行力度也就足够强。但在施工管理方面，施工企业对追责的态度往往是大事化小、小事化了。当然这里也可能会有些别的原因，比如做事越多的人犯错的几率也会越高，领导对一些好员工常常不忍心"下手"。但其实这样可能会害了他。二是企业内部缺少良好的信息传递通道或工具。企业制定了很多管理制度，但是项目上不清楚，更不用说到工人层面。大的管理制度可能会上墙，但是一些更具体的直接指导施工的规范要求，却缺少好的方式让其在合适的时候出现在合适的地方，变得真正易用。因为对于工人来说规章不是越多越全才越好，而是需要的时候怎么能马上查看。三是管理标准的内容少、更新慢。很多现有的管理制度和手册没有和实际工作结合，甚至已经不具备指导意义，慢慢成了摆设。好的标准是需要从实际操作经验中提炼的，通过现场应用再进一步优化。这需要企业对这类虚拟资产积累的重视，也需要有合适的工具打通上传下达所需的信息通道，实现内容、渠道的有机结合，这样才能让这些管理标准又好用又易用。

BIM 技术能为项目的精细化管理带来哪些价值？

BIM 是技术工具，也是建筑信息化的数据平台。通过给企业内不同人员提供相关数据信息，BIM 既在技术上也在管理上发挥着它的独特价值。BIM 可以实现两方面的数据采集，一是基于模型的数据采集，二是通过动态模拟和施工现场管理，即 4D、5D 平台的数据采集，来丰富模型数据库和平台数据库，从而使平台数据库中的数据对施工企业的项目管理和企业管理产生实际价值。下一阶段，企业要争取将 BIM 平台的信息数据和企业管理平台的业务流程进行对接，提供基于业务场景的及时、准确的项目数据，这对于企业日后的精细化管理平台和模式的建立都有着积极意义。

建筑施工行业是最需要大数据的行业，但实际上整个行业的数据积累并不多。如果可以通过 BIM 技术解决基础数据的采集、存储、流通问题，针对项目类别、项目规模、项目特点等形成成本、劳动力资源等分析数据，从而汇聚成项目大数据，这会对施工行业的精细化管理形成有效的支撑。当然，这些数据的形成需要收集大量样本，现在 BIM 在做的就是这件事，这需要经历一个过程。在这一过程中，必须保证基础数据的真实性和及时性，而通过基于 BIM 技术的项目管理平台积累的工程数据，正是对具体项目全过程管理的真实记录。再通过技术手段对这些数据进行处理分析，形成行业大数据，为更多企业和项目提供决策依据和建议，这可能是软件公司接下来为施工企业提供的增值服务的方向。以造价分析为例，目前的造价分析是基于定额和劳动力成本等方面的造价分析，未来能否实现基于项目类别、项目规模、项目功能、项目地域等方面的造价分析？如果 BIM 管理平台所积累的大数据能为建筑行业内的各个企业提供更为详尽的造价数据分析，可能会影响整个行业的升级，从而真正激发 BIM 的价值。

施工企业的管理体系应该如何与 BIM 技术结合？

近几年来，BIM 技术进入快速发展期，但在专业人才、数据采集和软件应用方面仍然不够成熟，需要不断完善。因为施工企业已经适应了原有的管理体系，很难轻易因为一些还不够成熟的技术而进行大调整。从传统意义上说，一些大企业要实现管理体系和 BIM 技术的结合需要一个过程，但是可以先从现阶段企业管理过程中出现的普遍问题中寻找机会，比如各企业的管理体系在落地过程中存在偏差，BIM 技术就可以发挥其优势，弥补企业信息化管理落地方案的缺口，通过互补，产生 1 加 1 大于 2 的效果。

目前，施工企业的 BIM 推进路线还存在不合理之处。大部分施工企业的管理体系和技术架构是两条线，BIM 属于技术路线，由企业总工管理；而企业的信息化管理有些是由总裁办中分管信息化的领导负责，有些企业内部也会专设信息化部门，这个工作已经进行了很多年。实际上，BIM 能够提供来源更为准确的施工信息数据，但由于 BIM 和信息化在大部分企业内部分属不同架构，所以不能很好地进行结合。"各自为营"是目前大部分企业的现状，当然也有少数企业将 BIM 技术和信息化结合得比较好，例如上海建工旗下有一个刚成立不久的公司，该公司的总工梳理管理体系时就将 BIM 和信息化结合在一起进行考量，这一做法使企业在未来的发展过程中不会出现"两张皮、两条线"问题。但对于那些管理体系已经成型的企业来说，将 BIM 技术融入其中还需要一个过程，BIM 技术需要足够成熟才能撼动整个信息化体系。

如果希望 BIM 技术与企业管理体系进行有效结合，可以考虑从组织架构上进行调整。比如在信息化部门中设立 BIM 工作室，该 BIM 工作室只为信息化服务而不是为技术方案服务。BIM 包含技术层面和管理层面，管理层面的发展方向应该是在企业的信息化部门设置专属的 BIM 接口，在技术层面没有成熟前可以先安排专职人员从现有的 BIM 模型中收集信息化管理平台需要的数据。慢慢地，结合云、移动应用等技术实现两个平台的无缝对接，解决信息化管理的落地问题。这是未来施工企业将管理体系与 BIM 技术相结合的发展路径，而不是简单、直接地将两个平台的数据进行叠加。

如何看待 BIM 技术与项目管理平台的关系，BIM 平台会替代传统项目管理系统吗？

现阶段应该是两个平台共存的局面。但是从目前的项目管理来看，基于 BIM 的项目管理平台比传统的基于表单式的项目管理平台要高效，随着未来 BIM 技术的不断成熟以及 BIM 专业人才的不断增加，基于 BIM 的项目管理平台未来肯定会覆盖传统的项目管理平台的功能，我预测未来在 3～5 年内，绝大部分施工现场的项目管理平台会被 BIM 的项目管理平台所替代。这里所说的 BIM 平台是基于 BIM 技术的项目管理平台。

目前，BIM 平台替代传统项目管理平台还存在不少阻力：一是推动的力度不够，虽然从政府层面、企业层面推动 BIM 平台的力度已经很大，但是在一线的项目管理团队中，由于传统的项目管理平台已经有了明确的考核指标，而 BIM 平台没有，大部分项目经理尤其是经验丰富的项目经理认为传统的项目管理平台更能够满足项目需求，甚至对 BIM 平台有抵触情绪，当然也有些乐于接受新鲜事物的年轻项目经理会抓住这一机遇来提升整个团队的管理水平和效率。可能刚开始应用时会增加点麻烦，但当进行到第二个、第三个项目后，效率会得到一定的提高，从而能够使 BIM 的价值得到充分体现。二是 BIM 平台的应用也需要引领作用，真正应用好的企业在进行宣传后，会带动一些没有实施 BIM 的企业，这是榜样的力量。

如何看待目前 BIM 在行业推广中的现状以及碰到的困难？

目前，BIM 的应用现状主要有两大特点：第一是重特大项目、知名度较高的项目应用 BIM 技术的多，小项目、一般项目的 BIM 应用覆盖率和渗透率都非常低。第二是大型项目真正在做 BIM 应用工作的大多还是集团公司分派的 BIM 专业工作室，或者是第三方 BIM 团队，项目现场的一线工作人员实际上并没有真正应用 BIM。我们管这种应用叫决策者的 BIM 应用，它在很大程度上还停留在宣传的层面，很多项目是为了 BIM 而 BIM。

另外，行业中对如何评价 BIM 应用所产生的价值存在争议，因为统计方式不科学，缺乏具体的量化指标，很难真正呈现 BIM 的价值。企业对于 BIM 的价值衡量有一些误区，对于开发商而言，项目进度、项目成本、项目质量等是他们最关心的问题，通过应用 BIM 减少了出错几率，提升了整个项目的管控力，这实际上就是 BIM 的价值。但在具体的项目实践过程中，有些项目没有应用 BIM 也可以完成，有些项目在建造过程中会出现很多错误，即使应用 BIM 也不能够全部消除，只能说应用 BIM 技术后可以大大减少错误的出现。因此，当应用 BIM 技术减少了项目管理中的错误后，有些项目经理会认为这是项目管理水平的提高，和 BIM 并没有直接关系。

BIM 应用在推广落地时碰到的最大问题是人才的匮乏，原因之一是企业 BIM 技术培训的受众面太窄。很多企业都越来越重视 BIM 技术的人才培训，但他们的 BIM 培训目的是培养 BIM 专业工程师，经常把 BIM 理念、BIM 建模、BIM 应用等从头到尾全部讲一遍，这样的培训效率很低。因为并不是每个人都要掌握 BIM 建模。对于施工员来说，可能只需要掌握和他们的工作相关的 BIM 应用就足够了，例如如何打开模型，如何运用模型进行交底，如何运用模型进行漫游，如何进行碰撞检查等。相对于建模人员，企业更需要针对一线技术人员进行和业务相关的重点 BIM 培训，让他们真正掌握运用 BIM 技术的能力。企业的 BIM 培训可以具体分成三个层级：第一层级是企业高层领导的培训，对领导需要进行 BIM 理念、BIM 组织、BIM 原理、BIM 架构等内容的培训。第二层级是企业中层领导，对项目工程师、项目经理进行 BIM 管理方式、BIM 应用价值等内容的培训，让他们了解 BIM 技术可以和哪些现有技术以及管理业务结合，从而指挥项目团队进行 BIM 策划和 BIM 应用。第三层级才是企业一线技术人员的培训。

上海建工在 BIM 的应用推广中积累了哪些经验，对未来是如何规划的？

这些年，上海建工在 BIM 技术的应用推广与实践探索过程中开展了大量的工作，积累了丰富的经验。在标准规范制定、专项人才培养和技术推广运用过程中投入很大。多年的积累结出了丰硕的成果，通过科技创新与技术转化，上海建工已经成功地把科技成果运用于项目建设中，在超高层标志性项目上海中心大厦、超大型主题乐园项目上海迪士尼乐园、大型市政项目上海北横通道新建工程、辰塔大桥、大型民建中国国家会展中心等项目中由点到面地进行了深入应用，尤其是在数字化建造技术与工业化预制装配技术方面开展了一系列的实践，并将实践成果在全集团工程建设项目中进行普及推广，当然，过程中也总结了许多经验、教训。企业要想应用推广好 BIM，我觉得需要做好五个方面的工作：

首先需要领导支持，而且是持续的支持，哪怕在推广前期不能看到明显的收效，推广的决心也不能动摇。二是要有合理的人员结构，一个好的 BIM 团队中不仅仅需要工程技术人员，还要有信息化管理人员在里面穿针引线，确保 BIM 的应用更有效率。三是要选择合适的试点项目，对于中小型建筑企业而言，可以拿企业中最有标志性的项目来做试点，项目完成后既有知名度又能够在整个企业内部树立标杆。例如，上海建工抓住了参与上海中心项目建设的机遇，凭借这一项目打响了项目知名度、团队知名度和企业知名度。更重要的是，上海中心项目也培养了一批 BIM 专业人才，这些人员在参与其他 BIM 项目时更具经验，也更有信心。试点项目的另一个要求就是允许企业有试错空间，所以可以再从试点项目中挑选合适的应用点。四是需要持续的激励政策。目前，企业内部的 BIM 人才流动性较高，因此有的企业不愿意投入精力培养更多的 BIM 人才，这也成为整个行业 BIM 应用推广的一个阻力，在目前 BIM 人才紧缺的阶段，企业需要制定激励政策留住人才、管理好人才、激发人才的潜力。五是开放的心态。BIM 是一项新技术，企业要和同行业内的企业多进行交流、多合作，多借鉴 BIM 应用成熟企业的做法，多走出去吸取成功应用 BIM 企业的先进理念和成功经验。

另外，施工企业在推动 BIM 应用时，要和软件商建立合作关系，或者说要善于利用这个资源。当前，市场上有很多与 BIM 相关的软件和平台，还有一些施工企业也在研发自己的 BIM 平台，但是很多施工企业尤其是大型、专业性强的施工企业对现有的信息化平台都不太满意。很重要的原因是软件企业并没有吃透施工企业的真实需求，二者之间没有实现无缝对接，还存在一些隔阂和缺陷，但我觉得 90％是可以用的，只是差了那么一点，就好像临门一脚没有命中。要想踢好这临门一脚其实不难，并不是技术问题，而是软件公司和施工企业之间相互信任的问题。施工企业和软件厂商经常彼此抓住一点点不合理的地方，然后就放弃这条路的选择，信息化的推进由此停滞不前。任何企业都会有这样的状况，大家只有看到实际效果，看到 BIM 技术所带来的直接收益才会真正去做。但是信息化这件事是前人栽树、后人乘凉的，目前企业信息化的最大阻力之一就是不能对其所带来的价值进行具体量化。一般经济价值没有明显出来的时候很多人还是持观望态度的，这也是为什么有些企业能跑到前面去，成为领先企业，有些企业永远是跟在后面跑，这是决策者的理念不能与行业的进度同步所造成的。我们根据 BIM 综合应用水平评价体系，确定自身所处的 BIM 应用阶段，进行了信息化建设中的 BIM 应用规划。在具体实施中，第一步是要让员工自发地应用 BIM 技术。企业通过提供大规模的培训和学习资源，让一线技术人员能先接触这个新技术，让他们对 BIM 技术感兴趣。第二步是通过举办一线技术人员 BIM 应用沙龙，分享 BIM 技术应用经验，因为技术人员的 BIM 应用案例往往最贴近现场，最能解决项目中出现的问题。第三步是制定企业的 BIM 评价指标，指导 BIM 应用，量化 BIM 应用价值。对于企业人员的 BIM 应用能力很难进行考核，需要制定人员能力的考核体系，同时也可以对企业的 BIM 人才晋升、BIM 培训分类、BIM 岗位划分等内容进行规划，从制度上保证企业内部 BIM 技术的正常运行和健康发展。

BIM 应用现状专家观点——郑刚

郑刚介绍

巨匠建设集团有限公司副总裁、企业技术中心总经理、教授级高工。30 年建筑施工专业管理经验，曾获住房和城乡建设部认定的国家级工法 2 项，省级住建厅认定的省级工法 14 项，国家发明专利 2 项，国家实用新型专利 5 项，申报并已进入实质审查的国家发明专利 5 项，多项国家级奖项。发表《体外预应力梁几何非线性影响因素研究》等专业学术论文共 8 篇，曾先后主持编制一项国家级行业技术标准和参与编制一项地方技术标准。

参与的获奖项目有中国玻纤技术中心 211 工程（鲁班奖）、振石大酒店（国家优质工程奖）、乌镇大剧院（浙江省钱江杯优质工程）、木心美术馆（浙江省钱江杯优质工程）、月星国际家居生活广场（江苏省杨子杯优质工程奖）。以下是郑刚先生对 BIM 应用现状的观点解读。

如何理解施工阶段的精细化管理，以及企业应用 BIM 的驱动力和投入产出问题？

施工阶段的精细化管理是我国施工企业多年来一直在追求的目标。通俗地说，精细化管理是指在施工阶段进行标准化、规范化的施工管理。目前，我国大力倡导施工精细化管理，很多企业的标准化、规范化管理体系已初见成效，并在不断地发展升级。但是总体而言，我国的施工管理方式还相对粗放，整体精细化水平不高。所谓的精细化管理往往偏重于企业层面的管理，而对于施工企业的核心业务：项目层的施工过程管理，其精细化程度就远远达不到理想效果了。在施工阶段精细化管理的道路上，我国建筑业还有很长的一段路要走。

施工企业应用 BIM 技术的核心驱动力在于希望通过 BIM 技术提升项目施工管理水平，最终实现项目效益最大化。这里所说的施工管理包括项目的成本管理、生产管理、技术管理等各个方面。从价值方面来看，BIM 技术带来的价值可以分为经济效益和社会效益，社会效益是不能量化的，经济效益在短期内也不能完全量化，但长期来看一定是回报大于投入的。

对于现阶段 BIM 应用过程中所产生的经济效益，我们可以关注两个方面：第一，工程项目的建设过程中，通过 BIM 技术的有效应用，例如优化施工组织、工艺节点、杜绝窝工、减少材料浪费等，可以实现对工程成本的有效控制，从而提高项目的总体经济收益。第二，融合了 BIM 技术的项目管理可以理解为一种先进的项目管理模式，可以在传统项目管理方式的基础上实现质的飞跃，即项目管理模式的转型升级。所以，BIM 技术在这一层面上的价值实质上是管理效益的产出，这方面的收益对施工企业来讲更有价值。

总结来看，BIM 技术带来的价值是长远的，在短期内想要直接计算出经济价值非常困难，我们要客观看待 BIM 技术的投入产出关系。BIM 技术是今后工程建造发展的方向，未来 BIM 技术将成为施工企业的核心市场竞争力。从这个角度讲，应用 BIM 时不我待。

影响施工企业 BIM 应用推广的因素有哪些？

目前，BIM 技术在我国施工企业的推广应用过程中，要综合考虑企业自身特点，比如企业发展的阶段、企业的管理组织架构、企业的管理模式等，但随着科学技术的发展和企业管理的转型升级，基于 BIM 技术的项目管理模式终会替代传统项目管理体系。但就目前现状而言，实现 BIM 应用在施工企业中的推广还有比较长的路要走。

首先，现阶段 BIM 技术推广的方式存在着问题。大部分企业的 BIM 技术推广思路是由上至下的，即从企业的管理层开始向项目部推广，先构建新型、合理的企业项目管理组织架构，再向下延伸至项目部具体实施。但是这条思路就要求企业有坚定的推广决心，同时要综合考虑企业自身的特点。如果在短期内无法直接看到 BIM 的价值，企业仍要坚决推行 BIM，并深度改革管理架构、管理团队。在这个过程中，中低层员工的抵触情绪会很大，从而加大了 BIM 推广的难度。BIM 技术论其根源是为项目管理服务的，相反，如果我们自下而上推广 BIM 技术，先设定 BIM 试点项目，在试点项目中率先体验 BIM 技术带来的变化，再将该项目的 BIM 应用经验推广至企业的其他项目和企业管理层中，逐步影响企业原有的管理体系，这样的推广难度较前一种方式要小很多。在这种方式中，试点项目能否具有企业代表性和典型性，从试点项目中发展起来的 BIM 管理架构是否能够和企业管理架构互相匹配、贯通，依然是需要解决的问题。

其次，BIM 技术的推广应用涉及诸多国家政策未明确规定的实际操作问题，这些是现阶段施工企业自身无法解决的。在项目设计、施工、运维的全生命周期中，BIM 技术的应用是全过程的。目前，就 BIM 模型来讲，尚无法实现设计、施工和运维阶段的融会相通，在项目的不同阶段会出现重复投入的问题。例如，BIM 设计模型如何导入施工阶段，施工阶段模型如何交付运维，因为没有统一的标准，无法实现模型的顺利传递，这就导致了大量重复建模工作的产生。这些问题的客观存在，阻碍了 BIM 技术在项目建设中的推广应用进程，需要国家从政策层面进行引导，采取必要的解决方案，从而为 BIM 技术在项目建设中的发展建立一个良好、有序的外部环境。

企业和项目应采取何种协作方式促进 BIM 应用落地？

企业要实现 BIM 的最终价值，短期的阻力和困难是必须经历的。这也是企业进行人才积累和意识转变的过程。针对目前短期存在的各种阻力，施工企业要根据不同原因，采用不同的方法——进行解决。

第一，新技术所要求的传统工作模式的改变和现有人员的能力提升都需要时间。一方面，项目管理通过 BIM 技术集成施工信息，使得施工管理层面的信息更加及时、准确、完整。另一方面，在新旧模式共存的过渡阶段，员工的工作量实际是增加的，这往往会引起员工的抵触情绪。比如新的模式下质量安全问题需实时上传至云端系统中，所有管理工作以流程为约束，这无形之中形成了对职能管理部门的一种倒逼机制，要求其处理问题的能力和效率也要大幅提高，甚至会重新定义某些岗位的工作职能，这对项目上下都是个不小的挑战。

第二，管理的清晰、透明化，反而给部分项目管理人员带来利益冲突。在项目施工过程中推广应用 BIM 技术，不同阶段的施工信息将实时在各相关岗位、管理层之间联动，项目施工的真实情况将更加清晰，传统施工过程中类似材料管理、人工管理以及项目成本管理中可能存在的灰色地带将不复存在。某种程度上，会触动项目实权管理者以及项目经济责任人的利益，动了他们的"奶酪"便成了影响其应用积极性的主要原因。

那么，企业和项目应该采取何种协作方式促进 BIM 应用落地呢？我认为首先公司层面应有统一的认识，鼓励项目应用 BIM 技术进行现场施工管理；其次，公司应进行 BIM 技术试点项目的应用，配备相应的技术力量和资源，辅助试点项目进行 BIM 应用的推广工作，并逐步扩大 BIM 技术在项目管理中的应用广度和深度；然后，在试点项目应用 BIM 技术的基础上，总结经验并将其逐步推广至企业的其他项目；最后，通过企业的 BIM 中心，实现 BIM 技术在公司的规模化应用。

当然，在 BIM 推广过程中，为保证项目部能够真正掌握 BIM 技术的相关应用技能，企业应坚持要求项目部管理人员自身学会操作使用 BIM 软件。通过此项举措，达到 BIM 实施人员即为项目部管理人员的效果。让项目部在试点项目的应用实践中，真切地意识到 BIM 技术的价值，再由公司层面进行有偿服务的推广激励，提高项目部应用 BIM 技术的主观能动性。让 BIM 技术的应用成为施工过程中的一种必备条件，使优秀成为一种习惯，这样后续的项目应用推广难度会相应地降低很多。

传统项目管理体系在施工中存在哪些问题，项目管理与 BIM 技术该如何结合？

目前，很多企业已结合自身情况建立了标准化、规范化的项目管理体系，但这些体系在实际施工过程中还存在一定的问题，公司和项目的信息不对等就是个普遍的现象。

首先，传统项目管理体系缺少企业与项目信息的连通载体，绝大部分企业管理层无法实时获取准确的项目信息。而项目信息是实现项目精细化管理的依据和基本要求。数据信息的准确性会对项目的整体管控和效益造成直接影响。其次，由于实际工程施工的质量、安全、进度、成本等各要素是动态变化的，这让信息的及时、准确获取增加了难度。另外，BIM 技术带来的新型管理方法，对传统施工人员的技术和综合素质的要求增高了。如何培养优秀管理人才，让优秀管理团队和人员辐射到更多的项目，成为困扰企业的一大难题。

项目管理与 BIM 技术是相辅相成的。作为连通企业管理层与项目部的桥梁，BIM 可以实现项目过程管理信息的实时更新与上下贯通，便于企业管理层及时、准确地获取施工动态信息并进行有效管控。

关于管理体系如何与 BIM 技术结合，我希望通过案例加以说明。通常说："有企业定额的企业，一定是管理水平不错的企业"。企业定额是通过分析不同类型的工程，结合本企业实际消耗水平而确定的适用于本企业的施工定额。在传统项目管理模式下，不同类型工艺的施工消耗是很难准确测量的。借助 BIM 技术，通过虚拟建造、节点优化、碰撞检查等功能，可以真实地反映施工过程中的实际情况，从而科学地计算、分析、汇总项目信息，形成企业定额，在后期其他项目的应用中可以优化施工细节，指导现场施工。

这些 BIM 技术的应用方法，无疑是实现企业项目管理精细化的手段，也是企业管理体系落地的真实表现。当然，BIM 技术目前还在推广应用期，其在项目管理过程当中可能发挥的价值远远超过我们眼前所看到的，可见 BIM 技术应用将是未来施工企业发展的方向。施工企业应结合企业自身特点、项目特点，选择合适的 BIM 技术应用推广方式，促进企业管理水平的整体提升。

如何看待项目管理与 BIM 技术的关系，传统项目管理体系是否会被代替？

BIM 技术与项目管理是相辅相成的关系。就本质而言，BIM 技术服务于项目管理，它是促进项目管理模式转型升级的利器，是协助项目部和企业管理层实时获取施工信息的载体。对于施工企业来说，基于 BIM 技术的项目管理是企业管理的根基，BIM 技术的创新应用是实现企业精细化管理目标的技术引擎。同时，企业通过在项目中开展更多的 BIM 实践应用，为 BIM 技术的提升和实施方案的优化提供了肥沃的土壤。

例如，在施工项目管理中，现场不同专业的人力配比和物资预测是行业的一大难题。在施工前，如果通过 BIM 技术进行施工组织设计和施工模拟，预演施工全过程，预测项目在特定进度节点处所需劳动力、材料量等详细数据，就能快速了解不同施工组织设计方案的优缺点，便于企业管理层直观地判断方案的合理性，进行方案比选。同时，便于项目部结合工程量合理优化人员和材料配比，实现"无缝对接，穿插施工"，从而提升施工管理的精细化水平。

关于传统项目管理体系是否会被 BIM 技术替代的问题，我认为答案是肯定的，但是需要一个过程。就目前而言，施工阶段的精细化管理还在起步阶段，BIM 技术也处在推广应用期。在我国大力倡导施工精细化管理的背景下，施工企业的精细化管理体系建立中的深层次问题，还需要 BIM 技术应用等先进的管理方法和技术手段来支撑和解决。随着科学技术的发展，BIM 技术对传统施工项目管理体系会是非常必要的补充和提升。

BIM 应用现状专家观点——李卫军

李卫军介绍

广联达 BIM 技术研究院院长，高级工程师，PMP 认证。15 年建筑行业实践经验，曾从事工程项目结构设计、总包施工管理、甲方工程管理等工作，熟悉建筑行业各相关方业务管理的方法。5 年 BIM 技术研究与实践经验，广州东塔 BIM 应用系统、智慧园区 BIM 应用系统、万达总发包 BIM 平台等三个应用系统的业务方案设计。其中，"广州东塔 BIM 解决方案业务方案设计"获"龙图杯"BIM 大赛一等奖、中国工程建设 BIM 应用大赛一等奖。"BIM 技术在天津 117 大厦项目工程总承包管理中的应用"获中国工程建设 BIM 应用大赛一等奖。参与上海、湖南、北京、广州、深圳等地方 BIM 标准及应用指南的编制。先后参与国家及北京市自然科学基金等多项课题研究，发表《钢结构住宅产业化发展与研究》、《施工总承包管理模式探讨》、《施工企业 BIM 应用规划》等近 10 篇论文。以下是李卫军先生对 BIM 应用现状的观点解读。

如何理解施工行业的精细化管理，目前国内处于什么水平？

精细化管理应该不是一个新的话题，我理解的精细化管理，简单来说就是落实管理责任，将管理责任具体化、明确化，并有明确的考核标准来监督和考查每个岗位的管理过程。要实现工程项目的精细化管理首先要有明确的管理标准；其次，这些标准是可落地的。也就是说标准化是精细化的基础，而工程项目的标准化管理又有三层意思：一是管理程序的标准化，二是管理内容的标准化，三是施工作业工序的标准化。好的精细化管理只会使工程项目的管理问题程序化、简单化、明确化。所以说，要想客观评价我国施工行业的精细化管理水平，需要从标准化和落地性两个方面综合评价。

从行业的实现水平来看，整体标准化程度不高，制约着整个行业的精细化管理水平。2007 年住建部发布的《建筑施工总承包企业特级资质标准》对企业的管理标准作了明确的要求，在此推动下，各企业在申报过程中逐渐完善和梳理出了一些管理程序，理论上来说这些管理标准应该是完整的。但是，就这些标准化管理与各企业自身的管理能力的匹配性而言，现在看来可能还有些偏差。从标准的落地执行来说，偏差就更大了。如果从前面所提的三个层面逐个分析，我们发现管理程序、管理内容、作业工序这三个层面的内容是由清晰到模糊、落实情况也逐渐弱化。针对"管理程序的标准化"，各施工企业多少都有一些自己企业的管理流程要求，比如各企业都有"企业管理手册"、"项目管理手册"、"部门管理制度"等企业管理标准，到项目部也能看到类似"项目总工岗位职责"、"技术部管理职责"等上墙的白板。像中建等这些大型施工企业，早在 2003 年我在时，企业的项目管理手册里就明确要求，项目策划是每个项目施工之前的一个必要管理动作，并对策划内容有具体的要求。其次，从"管理内容的标准化"来看，这些内容大多数企业都有，但在具体管理过程中好像又感受不到。管理内容制订得都很清晰，但在实际施工管理过程中又经常出现扯皮现象，有些事情是管理空白区，没人负责。这些管理要求在落地实施的过程中有些走偏了，有些也可能是这些标准还不够清晰和具体，甚至管理要求有缺失。最后，从"施工作业工序的标准化"来看，其内容类似项目部常用的"技术交底记录"或"作业指导书"，施工企业一般是通过"三级交底"的方式，最终将施工作业工序要求传递到作业工人手里。这些内容是凭借以前的管理经验编制完成的，每个编制人的经验和能力直接决定交底的内容，内容深度和水平层次参差不齐，所以真正形成能在不同项目上复用的标准还很少。

总之，现阶段我国的施工行业管理水平可以总结为标准化水平"良莠不齐"、精细化管理"整体粗放"，过去我们的管理重点主要集中在原因和结果上，而忽略了管理的过程，导致这些标准在执行过程中出现了偏差，这也是今后行业信息化技术的努力方向，包括现阶段风风火火的 BIM 技术。

是否有制定企业标准化管理体系的必要，落实过程中要注意哪些问题？

首先要肯定的是，标准化管理体系本身肯定是有利于项目精细化管理的，这也是设置这一体系的初衷。刚才谈到了要实现项目的精细化管理需要做好标准的制定和落实两项工作，实现的过程具有动态性、实践性、统一性的特点。企业通过一系列管理标准可以形成最佳的管理秩序。首先，标准化工作可以通过把企业所有成员积累的技术、经验以文件的方式加以保存达到技术储备的目的。不会因为人员流动，整个技术、经验跟着流失，并且可以在应用中动态优化。其次，标准化工作还能保证生产效率，标准使得产品的质量有了统一的要求，工作流程中的各个环节有统一的要求，工作岗位有具体的职责。施工生产建立在一种有序的、互相能够理解的、充分考虑到全局效果的基础上，每一项工作即使换了不同的人来操作，也不会在进度和质量上出现太大差异，可以尽可能地降低项目风险。

标准化体系的建立对企业的价值毋庸置疑，大多数施工企业都有自己的一套标准化管理体系，当然各企业之间在内容、深度上都有很大差别，执行的情况也差异很大。但在日常的管理过程中，都存在不同程度的落实不到位现象，究其原因可能会有以下几点：

第一，标准制定过高，并未结合本企业的管理水平。从企业发展的角度来看，提倡管理标准应高于企业现阶段的管理水平，但必须有过渡方案，分步实施。这一现象在一些中小型企业里非常普遍，这些企业希望通过照搬其他企业的标准化管理方法，迅速提升本企业的管理水平，或因企业资质申报而迅速架设了信息化管理平台，自身管理水平与平台要求差距很大，反而给项目管理带来了负担。

第二，标准的制定只关注结果，忽略了过程。这种情况大致会面临两类问题，首先是实施的过程会过于复杂而导致实施意愿下降，比如公司制定了一系列的标准化报表、月报制度，希望通过项目填报的报表来实现公司对项目的精细化管理，但这些报表的填报过程过于复杂，最终导致报表无法按时收集或收集数据不真实。

第三，缺少对管理过程进行考查和监督的工具，对管理者的绩效不能及时作出评价。绩效评价在管理过程中有着举足轻重的地位，它能够为项目过程控制提供必要的信息，提高项目过程控制的有效性。同时，通过动态考核可以促使管理能力的提升，管理标准要想得到有效落实应具备两个特征：首先，管理标准是否可量化成对管理者的绩效考核依据；其次，是否有合适的工具将过程管理的记录实施汇总上来，确保偏差不会进一步扩大。

结合企业现阶段这些管理体系的建设和落实情况，BIM 技术能提供哪些价值？

应该说有了健全的标准化管理体系，要实现项目精细化管理，落实过程是很关键的一步。总结前面的分析发现，导致整个行业的精细化管理水平不高的原因来自两个方面：标准不完善和落实方法不得当，在具体的项目管理过程中没有将管理标准有效落实到作业层，而 BIM 技术可以通过模型这一载体实现项目管理信息在各管理层之间共享，便捷的信息获取方式在解决信息传递的同时，还可以在管理过程中优化和完善部分管理标准。如果能找到适合与 BIM 技术结合的点，就可以加速行业的精细化管理进程。BIM 技术在发展过程中，可能有以下几个方面的机会：

第一，利用 BIM 技术为作业层提供管理和作业标准。实现项目管理三个标准化中，很重要的一条就是实现"施工作业工序的标准化"，利用 BIM 技术可以实现信息传递的"最后一百米"，有相当一部分项目是将岗位职责和分工贴到墙上，将作业交底书签字存档。在真实的施工作业过程中都是"凭印象，靠经验"，管理标准和现场作业两层皮现象比较普遍，企业有非常完善的管理标准，却到不了一线的管理者、作业工人手里。

在这里可以充分体现 BIM "模型是载体，信息是核心"的优势，所有项目相关方都是围绕着同一个项目展开自身管理工作的，利用统一的载体可以把各自所需要的信息统一管起来，既可以确保信息的真实性，又可以提高沟通效率。凡是管理需要的信息都可以通过 BIM 模型共享给其他相关方，结合云技术和移动端可以将各岗位的过程管理数据分类分析，用于管理绩效评价。如在现场钢筋绑扎期间，工长和工人手机里就可以看到钢筋绑扎的工艺流程、工人的操作要点、主要的质量控制点及验收标准等信息。

第二，利用 BIM 模型为项目细化管理提供准确的数据。在具体某一个项目的施工管理过程中，都需要大量的项目数据，如各类材料的使用计划、劳动力资源的投入计划、机械设备的投入计划等生产资源数据。按照不同的管理岗位对这些数据又有不同的需求，如汇总数据、分批数据，有些数据还要根据现场情况实时调整，在这期间数据的准确性和及时性对项目的精细化管理至关重要，如前期对这些资源测算不准，势必对后期的施工生产带来很大的变动，甚至影响到项目的进度、安全甚至成本的增加。施工过程中没有对物资进行准确的测算和投放，势必会造成工人怠工或材料的二次搬运、场地占用等现象发生。

BIM 技术的最大特点就是数据透明，施工生产中所需要的各类数据，都可以直接或间接地提供给管理者，甚至可以自动推送到管理者眼前。除了可以通过 BIM 模型直接获取到各专业的施工材料用量外，还可以基于这些模型量测算出如人工、机械、场地等使用量。如结合企业长期积累下来的钢筋工绑扎工效参数，可以根据进度计划要求测算出不同时间所需的钢筋工人。

第三，利用 BIM 技术平台实时收集各管理层的过程管理数据，这也正是施工企业普遍会遇到的问题之一。传统管理更关注结果而忽略过程管理，很大一部分原因是过程管理的信息无法及时获取。如果能对这些信息进一步分析而形成对管理者的绩效评价参考，将更有利于项目整体管理能力的提升。

为什么说 BIM 在这方面有机会呢？通过这次调研我们也发现，现阶段施工单位的 BIM 应用主要集中在项目部的应用，项目部的应用中是从一线管理岗单岗应用开始的，一线管理者对现场信息的了解是最真实的，如实时现场进度及偏差、现场物资消耗与库存状态等。随着多岗协作应用的推广，可以通过 BIM 技术获取到完整的管理过程信息，为公司管理层参与项目管理提供数据保障，同时还可以利用数据对比分析为管理者绩效评价提供参考。

现阶段 BIM 应用情况如何，为什么有些企业感觉 BIM 价值不明显？

客观地说，BIM 技术在我国的整体发展还是比较迅速的，特别是近两三年，用"火遍全国"来形容 BIM 在施工企业的应用并不夸张。无论是从政府环境还是企业、项目应用数量上，几乎是几何级的增长，其发展速度之快可以说是建筑行业内少有的。同时，也出现了很多问题，如 BIM 相关标准缺失、政府支持政策不够、BIM 人才不足，当然也有对软件公司的各种怨言。这也正好验证了这样一句话："BIM 技术是建筑行业的一次技术变革"，变革从来就没有一帆风顺的，有些现象还是要客观看待。个人总结，现阶段 BIM 应用可以用三句话来概括：应用热情高涨，应用群体相对单一，应用内容相对单调。

第一，BIM 的应用异常火热。这点从全国各地的 BIM 大赛就能看出来，本人也参加过几个大赛的评奖，2016 年全国至少有 10 个以上的省市都举办了当地的 BIM 大赛，其中大多数城市的参赛项目已经超过了 2013 年全国 BIM 大赛的数量。还有些项目实际在用但未参加比赛，参赛的项目中 90％以上的项目都是施工单位在用。同时，这两年与 BIM 相关的政策密集出台，除了住建部陆续出台了一些与 BIM 相关的政策或指导意见外，各地方政府也有很多文件鼓励当地项目、企业应用 BIM 技术。在此大环境下，各施工企业也是热情高涨，项目只要有意愿，公司都会在人力、财力上予以支持，整体 BIM 投入剧增。

第二，应用群体相对单一。应用 BIM 技术的人员中，BIM 中心的人占八成以上，真正的项目管理人员应用比例不高。因为 BIM 软件比以往施工企业应用的其他软件都要复杂，试点应用期间各企业、项目都要组织一些计算机水平较高的人先用，而这些人是没有项目管理经验的。设置 BIM 中心的初衷是先让一些人快速地掌握这项技术，逐步把真正管项目的人带会，而在和一些企业交流时以及这次调研中发现，有相当一部分企业应用了一年多 BIM，还是停留在只是看见 BIM 中心的人员由原来的两三个增加到十几个，甚至更多，真正管项目的人用的寥寥无几。

第三，BIM 的应用内容相对单调。现阶段约 80％的企业还在试点初期，BIM 的应用以可视化应用为主，如方案模拟、进度模拟、模型浏览等。对于 BIM 的"信息"主要集中在模型的几何信息应用上，还有相当一部分企业甚至只是用上面的一些应用点来报奖，参加完 BIM 大赛就几乎停滞了。我们所说的：可视化、信息共享、协同工作这三大 BIM 特征，只有一个特征在发挥作用。

我们把以上应用现象总结成一句话就是："BIM 中心的人（一个岗位）自己在用模型的几何信息！"这种情况下 BIM 的优势并没有完全发挥出来，价值自然很渺茫了。要让 BIM 价值突显，理想的模式应该是多岗协作、充分应用 BIM 模型信息及背后的其他信息。而要实现这一点显然不是会操作软件就可以的，需要在应用实践中实现人才积累、方法总结、意识转变，在过程中逐渐明晰 BIM 的价值。比如说从单岗应用开始突破，逐渐多岗协作应用，在这一过程中如果没有一个长远的规划，遇到困难就放弃，很可能前期的投入就打水漂了。

BIM 技术是不是都是大公司、复杂项目在用，BIM 技术应该怎么用？

首先，我是不认可这种观点的，但持这种观点的人还不少。2016 年我在一些行业交流会上还碰到过不少持这种观点的企业。举个例子，今年 4、5 月份我分别碰见过吉林和海南的两个当地的一级施工企业，大家都知道，这两个区域的建筑市场规模都不大，但两个企业都表示必须马上要用 BIM，培养自己的队伍，而且有计划在这两年内保证 BIM 项目的应用数量，培养 BIM 人才。我问他们为什么突然这么着急呢？之前在当地 BIM 交流会上你们都不愿意去，觉得自己基本都是省内的项目，BIM 离自己很远呢！他们只回答了一句："面对省内的项目，中建、中铁等这些企业同时和我们竞标，就是因为他们有 BIM 团队，好项目都给他们了。"这一现象说明 BIM 已经不是你选择用不用了！即使是现在的应用过程中有一些问题，这项技术也很可能是未来建筑行业的一项必备技能。为什么不能把刚才说的那些问题都解决了大家再来用呢？可能还真不行，如果要我给大家建议，可以总结成两句话：在实践中总结，在应用中改变！

意识和习惯的转变是推进 BIM 落地和价值实现的关键，而具体的应用实践是实现这一转变的最有效途径。同时，在应用中可以不断地总结出符合自身需求的方法，实现企业数据的积累，甚至对 BIM 软件提出针对性的改进意见。BIM 技术这一全新的技术革命将带来怎样的管理模式，现今还没人能很全面地描绘出来，但坐等现成也是不可行的。应用的方法、BIM 软件、系列标准等，都需要在实践中摸索和总结。近两年有些企业的 BIM 应用几乎还停留在三年前的水平，观望、选择、抱怨，而有些企业已经完成了软件的学习和基础人才的培养工作，BIM 的价值已逐渐显现，并在不断总结和完善符合企业自身特点的应用方法，甚至对公司原有的管理方法、管理模式进行了优化。比如有些施工企业建立的族库已经基本可以满足项目的 BIM 应用，甚至在族库上增加了施工工艺、质量控制等信息用于现场管理。

BIM 技术让我们耳目一新的同时，也给传统的管理模式和管理习惯带来了冲击，如果说 CAD 技术只是改变了制图习惯，那么 BIM 技术带来的改变远不止这些，需要在应用中不断适应这一变化，甚至改变自己的工作习惯和工作方式。其中，沟通方式可能是 BIM 技术带来的最大改变，从传统的岗位间网状沟通转变为各岗位和 BIM 模型之间的线性沟通，必然要改变原有的习惯，甚至会很痛苦，这种转变的过程无异于变革。BIM 模型上可以集成各类数据信息，几乎可以满足所有相关方的管理要求，基于 BIM 协同平台的信息交互方式会改变我们的很多管理习惯，甚至会改变公司对项目的管理模式。如传统管理中对工程量的获取大多都通过预算员提供的报表获取，或根据经验"拍脑袋"估算。通过 BIM 技术可以实现"所见即所得"，任何管理者都可以通过模型获取准确的工程量，便捷且精确。要想让 BIM 提供的信息为我所用，首先要习惯这种获取的方式，这类看似不大的转变实际上是意识的转变，况且 BIM 技术的沟通方式还会和公司原有的管理模式有冲突，需要对原有的管理模式进行调整，这种转变的过程往往很痛苦。比如公司对项目的进度、收支的管理，传统大多是通过项目报表完成的，项目在填报过程中会受主观因素的影响，出现信息滞后、不对称等现象。通过 BIM 模型完全可以杜绝这类现象，提高沟通和决策效率。

如何看待 BIM 技术与项目管理的关系，BIM 平台会替代传统项目管理系统吗？

这是两个比较大的问题，还是要把"项目管理"和"项目管理系统"区分开来。首先，BIM 是项目管理的工具，而不是项目管理本身。简单来说，BIM 技术和项目管理两者的管理对象不同，项目管理主要不是对建设项目的管理，而是对项目建设参与者的管理，换句话说，项目管理是对人的管理，而不是对物的管理。BIM 技术是一种注重信息共享的信息技术，和该项目相关的所有信息几乎都可以和 BIM 模型建立起关联关系。参与项目管理的各相关方都可以通过 BIM 模型进行沟通，也就是和虚拟的建筑物进行沟通，BIM 技术是对建筑信息进行管理。

有不少人认为 BIM 的出现将在一定程度上取代项目管理工作，我个人认为这完全是对 BIM 技术的一种误解。要想更好地理解 BIM，不在于 BIM 可以做什么，而在于 BIM 不可以做什么。项目管理人员可以做许多 BIM 做不了，或至少目前做不了的事情，比如决策和协调，当然，BIM 技术的出现必然会对原有的项目管理模式产生影响。

首先，BIM 技术可以使项目管理工作的重心更偏向管理。BIM 技术使得项目管理人员将一些机械的技术工作交由计算机来完成，将更多的精力放在管理问题上。比如在进度控制环节，项目管理人员将着重分析进度偏差形成的原因、应采取的措施和如何预防进度偏差，而不会将大量时间用于编制进度计划和调整进度计划。

其次，BIM 与项目管理技术将共同发展。BIM 技术也在不断发展，BIM 技术带来的新的沟通方式，可能会改变一些传统的项目管理模式，人们对它还需要较长的熟悉和适应过程。而如何将 BIM 应用在与人的决策、协调相关的管理工作中，仍需要经历一段研究的过程。

所以，BIM 无法取代项目管理。我们必须认识到 BIM 只是一种工具，必须由项目管理人员来使用才能发挥效用，而且 BIM 的出现，将只会增加/强而不会减少/弱项目管理岗位的数量以及项目管理工作的重要性。

关于 BIM 平台是否会替代项目管理系统，长远来说，BIM 平台替代现有的项目管理系统是技术发展的必然趋势。但需要一个过程，这里要明确一下，这里所说的"BIM 平台"严格来说是指"基于 BIM 技术的项目管理系统"。BIM 技术以它固有的特性会影响到现有的项目管理模式，这一点我们已经在一些应用中有所感受。换句话说，当前项目管理模式和基于 BIM 的管理模式不完全匹配，伴随着 BIM 技术的发展，可能需要通过一些项目的试点应用实践，总结出具有 BIM 特性的新型项目管理模式，最终形成基于 BIM 技术的新型项目管理系统，也就是我们所说的"BIM＋"的项目管理系统，简称"BIM＋PM"。

BIM 技术和 PM 的集成应用是指通过建立两者之间的数据转换接口，充分利用 BIM 的直观性、可分析性、可共享性及可管理性等特性，为项目管理的各业务提供准确、及时的基础数据和技术分析手段。同时，与项目管理的流程、统计分析等管理手段配合，实现数据产生、数据使用、流程审批、动态统计、决策分析的完整管理闭环，从而提升项目的综合管理能力和管理效率。

　　BIM 和项目管理集成应用时可以有两种方式，即基于数据的集成方式和直接基于 BIM 的项目管理系统方式。基于数据的集成简单说就是按照具体项目管理系统的数据格式要求，从 BIM 软件中直接导出数据，由项目管理系统导入集成，替代原来的手动填报过程。比如通过 BIM 平台导出固定格式的模型构件工程量，由项目管理系统导入后进行成本或材料管理等相关管理活动。

　　直接基于 BIM 的项目管理系统的集成方式是随着 BIM 技术的出现而形成的新型项目管理系统，是将各专业 BIM 模型集成后和其他管理信息建立起关联关系，形成综合 BIM 模型。然后，利用该模型的直观性、可计算性等特性，为项目的技术、商务、生产等管理提供准确的管理数据，项目级的集成系统例如广州东塔"基于 BIM 的综合项目管理系统"，企业级集成系统例如万达集团的"BIM 总发包管理平台"。

　　现阶段各企业的项目管理模式和应用的信息化系统都有所差异，各自的需求也不同。企业需要根据自身情况，选择适合自己的集成方法，尽量避免因照搬别人的实施方法而把 BIM 的集成应用变成企业的负担。

BIM 应用现状专家观点——宁小社

宁小社介绍

西安建工第四建筑有限责任公司副总经理，BIM 中心负责人。高级工程师，西安交通大学工商管理硕士（MBA），中国设备管理协会高级专家。中国城科会建设互联网与 BIM 专业委员会委员、中国 BIM 发展联盟"BIM 应用标准与软件体系研究"课题组成员。陕西省建筑业协会监事长、陕西省 BIM 发展联盟副秘书长兼培训部部长。GBC 特级讲师。

近年来，积极投身于企业信息化建设和技术创新工作，研发一项专利及多项省部级工法。参与了工程建设标准化协会标准《总承包项目管理平台 P-BIM 软件功能与信息交换标准》的编制工作。以下为宁小社先生对 BIM 应用现状的观点解读。

施工企业应用 BIM 的驱动力有哪些，应如何看待投入产出问题？

施工企业用 BIM 的驱动力不外乎两个方面：一方面，是政策等外界因素的驱动；另一方面，是自身发展内生动力的驱动。第一个方面主要是政策劲风的频吹和业主对 BIM 应用的重视，这一点有点"不得已而为之"的味道；第二个方面主要是竞争环境催生出了原动力，这一点很重要，说其重要，是因为竞争的日益激烈，使得利润越来越薄，企业生存的压力会越来越大。企业急于寻求一种药方解困。向外突破，外界的蛋糕已被分割殆尽，筑起的高高壁垒让人难以逾越，唯有向内寻求突破，那就是常说的降本增效。

现阶段，很多企业都处于 BIM 应用的投入期，回报期要等几年之后才能显现。根据调查显示，就投资回报率而言，施工企业 BIM 的应用率如果能够超过 30%，那么投资回报率可以达到正值。如果 BIM 的应用率小于 15%，BIM 技术的投资亏损可能性就会更大。BIM 技术应用需要达到一定规模和程度才能看到效益，所以就更需要坚持在项目上的实践了。随着 BIM 技术的不断推进，产出也将愈加明显。另外，BIM 技术应用的产出也不能单看一个阶段或是单看直接经济效益，要从企业整体收益出发，例如提升工程质量、企业品牌认知度等这些看似不能为企业直接带来经济效益，却是提升企业核心竞争力的重要因素，缺乏核心竞争力，何谈企业经济效益。

BIM 应用的推广中存在哪些问题，应如何解决？

在 BIM 应用推广中让我感到困惑的问题，应该是真正参与应用实践的人少，坐而论道和指手画脚的人多。BIM 的应用是需要大量的前者，而不需要后者的。BIM 技术是企业在自身项目上的实践过程，就是体会其价值的过程，只有用起来，才会知道 BIM 技术究竟能提供多少价值。另外，让我感到有难度的主要问题是复合型人才的缺乏。这可以说是建筑业存在的一个大问题，随着 PPP、EPC 项目的推行，缺乏 BIM 人才的问题更是日益突显。唯有不断地学习，才是治病的良药。

解决以上问题的办法和思路唯有不断地实践。在具体的 BIM 实施过程中，企业要制订完整、具体的 BIM 实施方案，然后寻找适合于自身的 BIM 应用平台，并通过一系列培养手段培养出企业内部的核心 BIM 人才，从而提高企业应用 BIM 技术的能力。有很多企业在某些项目上应用 BIM 达到了很好的效果，但持续性却不够，没能够坚持在项目实践中不断积累 BIM 应用的经验。另外，有些企业应用 BIM 的项目确实很多，却没有有意识地去总结应用经验，从而形成可复制的 BIM 实施方法。因此，企业在 BIM 的应用推广过程中，要树立可持续发展的正确理念，在应用的过程中培养自己的 BIM 核心人才，选择适合本企业的 BIM 系统平台，在不断的应用过程中总结经验，最终走出一条适合自身发展的 BIM 应用道路。

BIM 技术能为项目带来哪些价值？

BIM 技术为项目带来的价值主要体现在以下几个方面：第一，BIM 使得项目的精细化管理有了抓手，通过 BIM 可以实现精细化管理。第二，BIM 技术可以聚拢项目全生命周期的数据，避免了数据的"政出多门"，使降本增效成为可能。第三，通过 BIM 的应用，使得过去晦涩难懂的专业技术问题变得更加易懂，也使得更多的人理解施工技术的实施步骤。第四，在 BIM 的应用过程中，数据的交换与共享特性，有利于协调指挥项目的各参与方，确保项目目标的实现。第五，BIM 技术的应用，使得更多的企业加入到信息化建设的浪潮中，为提升建筑业的转型升级提供了支撑。

如果说到经验和案例，就是落地应用，实现落地才能是好的案例。所以，BIM 工作者要多分享案例，不管是成功的，亦或是失败的，都值得学习和借鉴。GBC 所建立的微信群就为大家提供了一个交流和分享案例的平台，我也很关注，从中你可以看到并吸取别人的长处，从而来弥补自己的短处，所谓取长补短。

我们企业在过去很长的一段时期都处于粗放型的管理模式，以包代管是常态。企业将在计划经济时代形成的一些规范性的管理办法丢掉了，美其名曰要跟上市场的步伐。这种状态对企业最大的伤害是丢掉了宝贵的过程数据材料，没人重视收集和分析数据。大家在项目过程管理中过多地依靠经验数据，在垫资压价等不规范的市场环境下，项目的结果可想而知，低质量和烂尾楼是大家经常看到的现象。企业改制之后，规范化运作的内在要求使得企业不得不思考管理问题。从过去的粗放型向精细化转变。说起来容易做起来难，最主要的是缺少抓手，感觉老虎吃天无从下手。通过对 BIM 技术的了解，感觉 BIM 是一个有效的抓手，并通过试点项目的应用，使 BIM 的应用价值得到了有效的体现。首先，项目实施过程的数据在同一个平台上得到了有效的汇集。其次，通过围绕模型应用使各相关方有效地得以链接，公司对项目的管控落到了实处。再次，流程和责任的清晰，使各方的利益得到了保证，避免了扯皮现象。最后，透明化管理体系的建立，使得违约成本加大，各参与方协作补台的氛围得以形成，利益的相关性使得项目管理变得顺畅、高效。我们在首个试点项目中就获得了"BIM 应用观摩工地"和"文明工地标准化创建观摩工地"等多项荣誉，项目利润也超过 8%。

如何看待 BIM 技术与项目管理之间的关系，BIM 平台会替代传统项目管理系统吗？

BIM 技术和传统项目管理之间的关系应该是相辅相成的。BIM 技术带给建筑行业的是全新的技术手段和管理方式。有的人觉得，BIM 技术或将彻底取代传统的项目管理，但我认为，BIM 会使项目管理变得更加便捷，完全取代传统的项目管理流程是不可能的，也不现实。那么两者就要相互结合，最好的结合方式就是让项目管理中机械性的技术工作由计算机完成，管理人员能将更多的时间和精力放在管理上。

BIM 平台会不会替代传统的项目管理系统？在我看来，二者的结合是最好的选择。BIM 技术可以作为强心剂将项目管理系统激活，传统的项目管理系统也要主动适应 BIM 平台并作出调整，以有效地共享和交换数据。随着 BIM 技术的深入应用，二者的融合是必然的趋势，因为共享意味着效率，你中有我，我中有你，是为了共同的目标。

传统的项目管理系统按传统的项目管理流程细化了管理中的每一个步骤，而 BIM 技术将使得每一个管理步骤更加简单、明了。同时，BIM 也推进传统项目管理系统的不断改进和完善。例如，传统的质量安全管理，是以填写检查数据表格和文字记载的形式体现，人为因素多，客观性不强，BIM5D 平台则把传统的人盯法变为图盯法，这样就改变了传统管理方法上的不足，也使得责任可追溯、可落实。又比如，传统的计划管理靠网络图或横道图指导，但实际施工过程中，变化比计划还要多，对网络图或横道图的修改都将面临很大的工作量，所以干脆就不改了，这样就使得计划流于形式了，"无据可查"也导致了后续结算扯皮问题的增加。BIM5D 平台的施工模拟就将这一切难点瞬间全部轻松解决了，既可以做到踏石留印，又可以预测到计划改变带来的未知后果，极大地发挥了 BIM 技术在项目管理中的功效。

如何看待项目部不愿意应用 BIM 的现象，企业与项目部应该如何共同促进 BIM 的落地？

项目部不愿意用 BIM 技术是很多企业在推行 BIM 应用过程中的最大阻力。我们要根据不同原因，采用不同的方法——进行解决。引入一项新技术是对传统工作模式和现有人员能力的巨大挑战。在新旧模式共存的过渡阶段，员工的工作量实际上增加了很多，这导致了员工的不积极，甚至对新技术产生了抵触情绪。另外，BIM 技术带来了管理的透明化，这会与部分项目管理人员的利益发生冲突。推广 BIM 技术应用的过程中，项目上的信息将实时在各相关岗位、管理层之间联动，项目施工的真实情况将更加清晰，传统施工过程中类似材料管理、人工管理以及项目成本管理中可能存在的灰色地带将不复存在。这也会引起利益相关方对 BIM 应用的不支持。

面对这些问题，我们的做法是：第一，公司鼓励项目积极应用 BIM 技术，对应用 BIM 技术的项目提供技术和资金支持。并为项目培养 BIM 应用的技术人才，提供技术服务。第二，将 BIM 的技术应用作为指标下达，规定一些项目必须用 BIM 技术，并制定一系列的奖惩机制，实现 BIM 技术在项目上的应用落地。

西安四建在 BIM 应用推广中都有哪些体会或教训，未来对 BIM 应用的规划又如何？

我们企业在 BIM 应用推广中的体会、教训或阻力还真不少。最大的体会是 BIM 的应用推广需要钉子精神，不要当坐而论道的哲人，而要做辛苦耕耘的农夫。BIM 是管理驱动而非技术驱动的，它就像一座金矿需要你不停地去挖掘。谈到教训，我认为 BIM 实施标准执行不到位是推广过程中的最大问题。比如对建模标准的不执行就曾经大大影响了 BIM 的应用效果。BIM 应用的核心在于 BIM 平台的应用，通过平台收集信息、分析数据，实现数据的交换与共享，从而提高效率和效益。但如果各专业的模型标准都不统一，何以实现交换与共享呢？

最后说一说我们的 BIM 规划，西安四建在未来的 BIM 应用规划中，首先要俯下身来实现每一个项目的 BIM 应用落地，总结经验和教训，尽可能多地应用 BIM 技术。其次，要紧盯 BIM 平台的应用，通过平台实现项目全生命周期数据的交换与共享。再次，要学习、学习再学习，不断地培养 BIM 人才、集聚 BIM 人才，最终实现"人人 BIM"。最后，要不断创新 BIM 应用的途径和实现 BIM 价值的方法，要积极拓展 BIM 应用的疆界，探索"BIM＋"的集成方式，从而不断地增强自身的核心竞争力。

针对企业全面应用 BIM 技术，我们要向以下几方面迈进：第一，公司有代表性的项目都要应用 BIM 技术，全面开花，以体现 BIM 的普适性。第二，通过 BIM 应用，积累大量数据，为企业信息化建设打好基础。第三，BIM 团队要积极做好咨询服务工作，善于借船出海，既可以了解更多的 BIM 应用，又可以提高自身的应用能力。第四，积极参与 BIM 技术的研究工作，加大参与 BIM 标准课题的研究，做好各类培训工作。第五，努力探索创新应用点，在 VR、GIS、3D 扫描和 3D 打印领域积极寻求应用点。

BIM 应用现状专家观点——王益

王益介绍

陕西锐益建筑信息科技有限公司总经理。陕西建筑业协会陕西 BIM 发展联盟副秘书长，西安市建筑业协会 BIM 特聘专家，北京绿色产业联盟 BIM 技术特聘专家，工业和信息化部 BIM 技术教师认证。中国 BIM 网编委员会委员，《建筑工程设计 BIM 应用指南》编委，工信部《建模技术应用》副主编，2017 年度陕西省专业技术人员继续教育教材单元 9 主编。陕西省建筑职工大学特聘教授、GBC 特级讲师。

从事近 10 年建筑施工与 4 年建筑设计工作，参与宝鸡房地产 BIM 设计、河南平顶山商业综合体 BIM 咨询、西安火车站等 30 余个 BIM 应用项目。以下是王益先生对 BIM 应用现状的观点解读。

对施工企业 BIM 组织建设有哪些建议？

BIM 组织建设通常是指 BIM 组织架构的建设，BIM 组织包括公司级和项目级组织，公司级组织主要完成 BIM 技术应用整体战略层面的部署与安排，而项目级组织主要完成 BIM 技术应用在具体项目上的应用及实施方法。

就公司级组织而言，分为如下几个具体实施步骤：第一，顶层设计。公司级 BIM 组织架构的建设需要遵循统筹规划、整合资源、积极推进、普及提高的基本原则，完成企业的组织机构建设、标准体系建设、人才队伍建设、基础平台建设、集成能力建设、示范工程建设和支持团队建设。第二，动员领导。公司高级管理层对 BIM 技术的重视程度是影响公司级 BIM 组织建设的重要因素，如果公司高级管理层对 BIM 技术采取积极的态度，那么在建设公司级 BIM 组织架构和推广 BIM 技术应用的过程中，所需的资金、人员、时间、软件等资源的获取难度将大大降低。第三，制定标准。需要根据企业实际情况与需求，制定企业 BIM 技术应用的相关标准，让公司级组织架构建设规范化、科学化。第四，人才培养。在这个方面，要在结合企业具体工程的基础上，逐渐提高。首先，在咨询服务团队的培训和辅导下，BIM 人才需要掌握 BIM 建模和基础应用技能，然后逐渐过渡到能够独立完成 BIM 建模和主要业务的 BIM 应用，最后达到能够独立完成全部 BIM 应用工作的目标。此外，随着 BIM 技术在建筑施工行业的热度越来越高，各类 BIM 大赛举办得如火如荼，参加各类 BIM 大赛，可以有效地加深 BIM 人才对最新技术应用的了解，提高 BIM 技术的应用水平。同时，对企业品牌竞争力的提升具有很大的帮助。

就项目级组织而言，基于企业对 BIM 技术的发展需求与规划，建议项目上首先对项目 BIM 技术的应用方案进行整体策划，明确 BIM 技术在项目中的应用路径。通过组织搭建 BIM 技术应用小组，全面分析项目当前的应用重点与难点。在此基础上，制定项目的 BIM 技术应用点，并将其落实到 BIM 的应用过程中，借助 BIM 技术解决项目中的实际施工问题。在 BIM 的应用过程中，需要项目管理团队和项目级组织中的各相关成员实时配合，统筹施工信息数据，并在 BIM 应用后期，及时总结可复制的 BIM 技术应用经验，便于向公司其他项目借鉴推广。

BIM 中心的组织构成应注意哪些问题？

首先，BIM 中心人员的数量要根据 BIM 的应用阶段进行设定，在 BIM 中心成立或 BIM 试点应用前期，人员设定不宜过多，建议 5～10 人即可。由于人力成本在企业管理成本中占据重要部分，尤其是在央企或国企这种对人员配置较为敏感的企业，人员过多可能会造成管理成本上升，对于起步阶段的 BIM 中心可能形成制约，无法在短时间内创造更高的效益。所以，BIM 中心的人员配备要严格按照企业组织架构的规定，随着 BIM 中心的发展程度而不断优化，切不能因贪多而带来不必要的影响。

其次，BIM 中心主任建议由企业技术主管等高级管理人员担任。因为 BIM 的技术应用需要有规范化的企业整体发展规划和人力、资金等资源投入，还需要企业各层级相互配合、协同工作。由企业技术主管等高级管理人员参与管理 BIM 中心，能够最大限度地降低项目管理风险，有效调动企业内部资源，从而推动 BIM 技术在企业范围内的应用与发展。

再次，BIM 中心的骨干力量建议由具有丰富经验的资深 BIM 工程师担任，至少具备 5 年以上施工经验与 1～2 年项目 BIM 技术实操经验。因为，BIM 技术的应用主要是专业技术人员通过操作 BIM 软件来更精准地完成相关的传统工作，利用软件功能来降低人工操作的差错率，提升项目工作效率。所以，具备专业能力的 BIM 技术工程师是实现 BIM 应用推广目标的前提。同时，要综合考虑工程师的专业构成与 BIM 中心的整体专业覆盖范围，包括土建工程师、机电工程师、造价工程师、视频动画工程师、建模工程师等，保证工程师的专业与 BIM 中心的功能需求相对应，缺一不可。

根据 BIM 技术应用的实践经验，建议 BIM 中心选用高素质、高技能、年轻化的管理团队，不能只局限在项目建模上，成为单一的建模团队。当 BIM 技术在项目中应用时，BIM 中心最重要的工作是解决现场各方协同、配合的问题。BIM 信息模型承载着项目在设计、建造和运维阶段的所有数据信息，是所有项目参与方进行协同项目管理的载体，各项目参与方需要将自己专业内的相关信息实时上传至 BIM 信息平台中，通过 BIM 信息平台集成数据，让企业管理层能够实时接收项目施工信息并进行分析与处理。只有这样，BIM 技术才具备真正落地的可能。

企业 BIM 试点应用包括哪些步骤？过程中需注意哪些事项？

企业进行 BIM 试点应用，主要分为选择试点项目与试点应用两个步骤。在选择试点项目时，目前大部分企业容易走进一定要选择高大上项目的误区。从本质而言，这样的选择方式本身就失去了试点项目的意义。试点项目应该是可推广、可复制的项目，企业可选择主营项目作为试点，这样实践获得的 BIM 应用经验才更有意义。同时，我认为，选择试点项目时可根据项目实际情况进行区分，分为应用型试点项目和宣传型试点项目。应用型试点项目主要为企业内的后期推广服务，通过在质量、安全、进度、成本等方面的应用，总结出可以复用的应用方法。宣传型试点项目，顾名思义主要是为满足企业宣传需求而设立的，比如举办现场观摩会的项目，重点在宣传行业前沿的 VR、AR、MR、无人机、三维激光扫描等新型技术应用上，提升企业的品牌形象。

在试点应用时，我认为最重要的是要率先制订符合项目特点的 BIM 技术应用实施方案，用于指导实际施工应用，该方案的合理性与规范性直接影响项目的 BIM 应用效果。在试点应用前期，需要大量的调研与分析工作，比如企业实际的 BIM 基础水平、企业领导对 BIM 的认知与支持力度、企业应用 BIM 的难度、对于 BIM 应用的成效与时间是否成正比等。前期全面调研分析的结果可直接用于指导 BIM 试点应用的分阶段开展。应用过程中应该注意总结，并对应用的效果进行阶段性考核。试点完成后，结合本项目的应用情况，对最终的应用效果进行评价，检视是否满足应用目标，最终形成可以复用的应用方法，供公司在其他项目上参考应用。

企业和外部 BIM 咨询方如何合作才能更有效地推进 BIM 落地应用?

对于刚起步的企业来说，对 BIM 技术应用的认识还停留在概念阶段，缺少具体的 BIM 实施方法。此时，建议企业引进外部咨询团队，借助其丰富的实践经验，为企业 BIM 应用的落地提供外力支持。根据企业与外部 BIM 咨询方合作的情况分类，有以下两种情况:

第一种情况：企业不计划建立自身的 BIM 中心，在有项目需求时采用外包模式。由于外部 BIM 咨询团队有着众多项目 BIM 应用的经验，已经总结出针对不同项目类型的 BIM 应用方法。在有项目需求时，寻找合适的 BIM 咨询团队，这种做法，短期来看项目应用 BIM 技术的难度较低，但是，从长期来看，不利于企业 BIM 应用的发展。在采用外包模式时，建议本企业有相关技术负责人对项目实际的 BIM 实施进行把控与管理，否则最终 BIM 应用的效果可能会大打折扣。

比如，根据以往对建筑市场的调研，在施工现场能够真正将 BIM 技术应用起来的项目比率不超过 20%。这些项目大多在 BIM 应用初期都是热情高涨的，但是经过 3 个月或半年的应用尝试后便热情减退，有些项目中甚至鲜有人提及 BIM 的相关事宜。究其原因，即是缺少企业自身的项目管理人员深度参与到 BIM 应用的过程中，企业的项目管理团队对 BIM 技术的了解较为浅显，未能对该项目的应用进行针对性的有效管理。甚至存在无法检查 BIM 模型是否存在差错、数据无法及时管控、过程中各相关人员配合度较低等问题，最终导致项目中的 BIM 应用成果沦为看似标准的建模汇报材料，实际上并没有实现企业自身 BIM 人才的培养，不利于企业 BIM 应用的长远发展。

第二种情况：企业希望通过项目的 BIM 实践，培养企业自己的 BIM 技术核心团队。这是我国施工行业大型央企与国企的普遍需求，对此，我认为企业应该按照以下四个步骤开展 BIM 的技术应用:

第一步，进行 BIM 人才选拔，选拔时考虑其专业水平和对 BIM 技术的热爱程度。第二步，进行基础软件操作培训，培训周期建议维持在 15 天左右，前期可首选网络视频自学为主、课堂教学为辅的培训形式，降低培训成本。第三步，进入项目实践阶段后，项目的 BIM 技术应用以咨询团队为主，鼓励其以文件的形式提供本项目的 BIM 技术应用成果，用于指导现场施工。在施工过程中，本企业的 BIM 团队需全程紧密跟随咨询团队，开展每一项相关的 BIM 应用实践，积累应用经验，并自行总结项目的 BIM 应用成果。随后，将企业团队的 BIM 应用成果与施工现场、咨询团队的成果文件进行对比与校验，找出差距与问题。第四步，在项目结束后，通过总结本项目 BIM 应用的经验与教训，形成本企业自身的 BIM 技术应用体系与流程，在后续项目中尝试开始实践。

对比以上两种企业和外部 BIM 咨询方的合作情况，前者直接采取的外包模式是 BIM 发展初期较常见的方式，具有应用过程简单、BIM 应用见效较快的优势，但是对企业 BIM 团队的提升相对较少，且受 BIM 咨询团队的牵制较多，在咨询企业结束服务后，企业自身的 BIM 应用能力依然处于较低的水平。后者通过项目实践建立自己的 BIM 团队，从长远来看，这是对企业而言更良性的发展模式，虽然存在前期投入较大、对企业内部的管理能力要求较高、需要项目各方的参与配合、时间周期较长等风险，但是对于提升企业品牌形象和市场竞争力而言，无疑是更优的选择。

BIM 中心应如何与项目部配合促进 BIM 应用的落地？

我认为，公司的 BIM 中心与项目部配合大致分为三个阶段，必要时 BIM 中心人员应进驻项目现场，为项目提供贴身服务。

第一个阶段是起步期，通常以一个项目施工周期为宜。在此阶段，BIM 中心人员最好入驻现场，其工作以重点解决 BIM 软件选择与操作、项目单点应用的实施与落实和培养 BIM 专业人才为主，着眼于项目 BIM 的应用的工具与手段，而项目所需的技术要求由项目部提供。项目部根据项目特点提出 BIM 的应用需求，由 BIM 中心进行建模，并进驻施工现场。在施工过程中，项目部要以 BIM 中心制订的项目应用路线为指导，BIM 中心的技术人员需根据项目专业工程师的要求对 BIM 模型进行修改和优化，由 BIM 中心主导分阶段选拔和培养 BIM 专业人才，从而达到通过 BIM 模型指导现场施工的目标。

第二个阶段是磨合期，此周期较长，具体时间视公司具体情况而定，可以根据需要有选择地入驻现场。经过起步期后，项目应已有部分应用成果，BIM 中心具备部分 BIM 应用的实践经验与技术积累，在不增加 BIM 中心建设成本的基础上，可以开始尝试扩大 BIM 中心的服务半径，辐射企业更多的项目。在此阶段中，主要以培训项目上专业技术人员的软件操作、应用点的基本应用能力为优先级，由 BIM 中心与项目共同编制项目 BIM 应用要求，各项目相关方按照该要求进行基础建模工作。与起步期不同的是，此时对建筑模型的修改与优化可以由项目部独立完成，BIM 中心在实施过程中全程跟踪与配合，整体把控项目 BIM 的应用进程，从而达到 BIM 中心与项目部的无缝配合。

第三个阶段是发展期，需长期进行，并将 BIM 常态化。经过前两个阶段的实践积累后，企业及项目部已具备 BIM 技术应用的基础能力，项目部可自行在项目中进行 BIM 技术应用，BIM 中心可以适当从为现场服务转向公司，对项目部进行不定期抽查与监控。此时，BIM 中心的主要工作内容是对公司所有的 BIM 应用项目进行统一管理，包括标准制定、流程安排、评优、报奖等工作，为每个项目制定符合项目特点的 BIM 技术应用实施方案，积极探索新的 BIM 应用点与技术创新。

结合实际经验，对 BIM 应用中的人才、工具、方法三方面有哪些建议？

在人才培养方面，主要目的是通过 BIM 工具协助专业技术人员解决本职工作的效率与差错率的问题，降低错误率，提高工作效率。但是 BIM 工程师的培养是一个系统培训的过程，并非通常意义上理解的学会 Revit 等建模软件即可。BIM 入门很快是指具有一定计算机基础的专业工程师上手快，但是由于 BIM 是建筑全生命周期的整体技术应用，在

BIM 的应用过程中，需要学习很多可能涉及的其他相关专业知识，BIM 工程师的成长期是很长的。经过 2～3 年的技术学习与积累后，往往能够培养出 BIM 的复合型人才，这才是对工程行业 BIM 人才培养的最有效路径。

在工具选择方面，要遵循一项基本原则——"选择市场使用度较高、市场占有率高、谈论话题较多的软件"，选择适合本项目、本专业的软件，不要自己研发或使用小众的软件，给施工工作增加工作量，带来不必要的麻烦。

在工作方法方面，每个应用点都应该做到 SOP（标准化作业流程）级别，严格按照流程实施，只有这样，团队才能健康、有序地发展。

总之，我认为工作方法、实施流程、制作标准都是 BIM 技术应用过程中的重要因素，而最重要的应当是 BIM 团队或者企业管理层的责任心和进取心，这是 BIM 技术真正应用落地的基石。应用 BIM 技术是如今建筑行业势不可挡的技术浪潮，要具备不断地尝试、钻研、探索、从头再来的决心与意志，在项目中积极普及 BIM 技术。通过每个施工企业共同努力，为建筑信息化的美好愿景添砖加瓦！

BIM 应用现状专家观点——严巍

严巍介绍

北京城建集团有限责任公司 BIM 中心副主任，高级工程师，中国建筑学会施工分会 BIM 专业委员会委员。从事建筑施工专业 10 余年，在《建筑技术》等一级刊物发表过专业技术论文，获得北京市级工法 3 项，北京市科技进步二等奖 1 项。参与完成北京市城乡建设委员会《BIM 技术对北京建筑业发展的影响及对策研究》课题。主持包括北京新机场、通州行政副中心市政管廊工程 7 标段、中关村资本大厦等多个重点建设项目的 BIM 实施工作。以下是严巍先生对 BIM 应用现状的观点解读。

如何通过企业和项目部协作来促进 BIM 技术在企业中的推广应用？

如何通过企业和项目部协作来促进 BIM 技术应用的落地，的确是 BIM 技术在项目应用落地过程中需要克服的一大难题。就这个问题，我认为企业和项目部之间的协作应该是双向的，即企业应该配合项目部，项目部也应当在某些方面配合企业，共同促进 BIM 技术在企业中的应用落地。

先来谈谈企业应如何与项目部协作。首先，企业不仅要协助项目部解决技术业务问题，梳理项目 BIM 应用的范围、深度及适当的应用点，提供 BIM 应用全流程的技术、策划、实施指导，为项目部在 BIM 应用上指明方向，还要协助项目部解决管理难题，如商务管理、物料管理、质量安全管理等，让项目部意识到 BIM 技术可以为项目提供更高效的项目管理体系。其中，比较直接、有效的服务就是对项目人员进行 BIM 技术培训，通过不断渗透 BIM 技术的成效，提高项目人员对 BIM 技术的积极性与认可度，从而将 BIM 技术应用到施工过程中，最终扩大 BIM 技术的成效。其次，企业还应该实行 BIM 应用考核制度，给项目经理施以一定的压力。因为在现阶段，不同的项目经理对 BIM 技术应用的认知存在较大的差异，进行 BIM 实施考核可以促使项目经理使用 BIM 技术，同时便于企业对项目实施进行总体管控。另外，企业可以为项目提供免费的 BIM 服务，通过降低项目的 BIM 应用成本，提高项目经理对 BIM 技术的积极性。最后，企业可以总结项目实践的经验、教训，并对实践过程中所形成的 BIM 应用数据进行统计分析，通过指导解决项目的实际问题促进整体 BIM 应用的落地。

再来谈谈项目部应该如何与企业配合。首先，项目上应该对于 BIM 的应用采取积极、主动的态度，在经费和人员方面给予一定的支持。另外，项目的 BIM 应用一定要与企业的项目管理相融合，通过 BIM 技术提高项目的管理效率和经济效益，这也是项目领导最应该充分考虑的问题。如今，项目部大多还在按照传统的项目管理模式进行运作，项目经理只是将项目数据存储到企业的 BIM 平台，对 BIM 技术的价值以及 BIM 技术与项目管理融合的认识还不够，导致引进 BIM 技术和配备人员后并未产生预期的价值。从城建集团总承包所负责实施的各类项目来看，由于企业管理层与各项目经理对 BIM 技术重视的程度不同，各类项目在 BIM 的实施过程中存在着巨大的差异，各项目 BIM 技术实施落地的效果自然就会不相同。

在上述举措中，我认为，其中最重要的应该是实行 BIM 应用考核制度，将项目达到的 BIM 应用等级、应用点、实施效果作为项目经理工作考核的内容之一，通过硬性指标促进项目部提高应用 BIM 的积极性，促使企业 BIM 中心与项目部更密切地配合，最终实现 BIM 技术在企业中的推广。

企业应该如何与外部 BIM 咨询方合作才能更有效地推进 BIM 落地应用？

我认为，企业与外部 BIM 咨询方的合作主要从两方面展开。第一，基于项目展开合作，这也是目前最常见的施工企业与外部 BIM 咨询方的合作方式。在此合作方式中，主要目的是借助 BIM 咨询方的丰富项目经验，解决企业在项目级 BIM 应用中的具体业务问题和管理问题，包括项目的质量、安全、商务、进度等方面。第二，基于企业展开合作。这就需要 BIM 咨询方能够根据企业的特质进行定制服务，加快构建企业自身的管理体系，更有效地推进 BIM 技术应用落地。当企业的 BIM 应用需求量大或应用更加深入时，可以与 BIM 咨询方在企业层面进行战略合作，向更深层次探索形成基于 BIM 技术的新型管理模式。

当然，企业和 BIM 咨询方的合作也不是一蹴而就的，如何将 BIM 咨询方的丰富经验更快地融入企业项目管理体系中，是现在施工企业面临的重大难题。因为，不同项目的合同方式、合同大小、项目工期等因素不同，且企业的项目管理方式也在不断变化，而 BIM 咨询方的管理体制或管理方式相对而言比较固定，施工企业与 BIM 咨询方的合作需要有循序渐进的过程。目前阶段，我认为 BIM 咨询方应该更早地介入到企业的 BIM 应用项目中，在充分了解企业特色与项目需求的基础上展开合作，必要时 BIM 咨询方可进驻到现场参与管理，这样既能提高施工企业的现场管理水平和 BIM 技术水平，还有利于提高 BIM 咨询方对施工企业管理的认知，为以后 BIM 咨询方的发展提供宝贵经验。

以城建集团与外部咨询方的合作为例，在企业合作上，双方主要是基于企业展开战略合作。除在技术和资源方向展开合作外，更多的是将 BIM 技术与企业项目管理体系融合，共同构筑企业 BIM 整体管理架构。在项目合作上，城建集团通过借助外部咨询方的技术力量和实施资源，促进项目 BIM 应用落地。比如，在北京新机场项目上，企业除了将部分创建模型的工作交给 BIM 咨询方外，还重点要求其派驻人员进入施工现场，充分了解企业的项目情况与项目组织架构等，共同参与新型企业项目管理体系的建立。BIM 咨询方综合考虑现有的项目管理体制，将 BIM 技术与项目管理体系融合，最终实现项目的降本增效。

企业应如何进行 BIM 组织管理体系与 BIM 中心的建设？

在 BIM 组织管理体系上，企业应该自上而下进行建设，由集团层面设置专门的 BIM 负责人，组织 BIM 实施，成立 BIM 相关机构。

以城建集团即将成立 BIM 主管部门为例，集团管理层负责信息化建设，各事业部和分公司管理层受集团管理层领导并向下推行，这就完成了企业 BIM 管理组织架构的顶层设计。并在此基础上，各事业部和分公司的 BIM 机构就和集团的 BIM 管理单位构成隶属关系，从而形成 BIM 实施的制度保障，明确 BIM 实施的责权单位。不过，由于城建集团在如何进行 BIM 整体规划、如何制定 BIM 实施发展方向、各部门如何考核、BIM 中心如何指导项目 BIM 应用等问题上还没有建立有效的机制，项目上主要采用的是 BIM 工作室的方式，零星成立了一些分部门级的 BIM 中心。在集团层面还没有设立 BIM 中心或类似职能的管理机构，集团整体 BIM 管理组织架构相对而言是比较松散的，尚未形成有效的 BIM 组织管理体系。这样一定程度上会造成在 BIM 实施过程中出现人才、设备、资金的浪费。

因此，我认为在建立 BIM 组织管理体系时，企业还应该注意建立完整的 BIM 实施机制、统一的标准流程及框架，并与企业原有的管理机构相融合，让 BIM 岗位与管理岗位相融合，保证人员的责、权、利清晰明了，这样的 BIM 组织管理体系对企业 BIM 的实施才是有指导意义的。

在企业 BIM 中心建设上，要注意以下四点：第一，人员的专业构成要齐全，比如技术人员要包括土建专业、机电专业、精装修专业等；第二，人员配备要考虑功能需求，比如动画制作人员的配备，主要目的是配合企业项目投标或动画制作的功能需要；第三，企业与项目 BIM 中心的隶属关系要清晰，建议项目 BIM 中心隶属于企业级 BIM 中心，有利于 BIM 工作的独立开展；第四，要明确其所处管理层级及职权，在不同企业中 BIM 中心的权限和职责不同。在整体项目组织架构中，企业的 BIM 中心同时还要负责项目 BIM 中心的组建和人员的培养，为企业 BIM 的整体发展战略服务。

在项目 BIM 试点应用中有哪些重点注意事项和建议？

结合实际项目经验，我认为 BIM 试点应用的主要注意事项应该有以下六项：

第一，选择合适的试点项目及 BIM 应用点。试点项目应具备体量适中、各专业人员健全、无过于复杂的工程技术等特点，有助于降低 BIM 技术应用难度以及清晰地看到试点项目的 BIM 应用效果。根据项目本身特点确定 BIM 技术在项目中的应用方向和具体应用点，让 BIM 技术在项目中发挥最大的效能，由此为其他项目总结出更有价值的经验。

第二，要从技术应用入手，逐步扩展到项目管理的调整。在实践过程中，通过有效分析项目数据信息并将其提交给项目管理层，便于项目管理层借此发现传统项目管理中可能存在的不足，以及 BIM 技术与项目管理系统的融合方向。

第三，要注重 BIM 专业人才的培养。人才是推动 BIM 技术发展最核心的要素，在 BIM 试点项目的实践过程中，形成企业自己的 BIM 人才库，并积累形成 BIM 人才培养的方法。

第四，要注重 BIM 流程和技术路径的积累与评价。目前，BIM 示范工程的评价方式主要以横向比较项目的 BIM 技术实施水平与突破点为主，此种评价方式整体而言可能存在较粗放的问题。以现有的 BIM 示范工程为例，大部分项目在评选时所参考的评价体系并不完善，评价标准的可操作性不强。企业要在实践过程中，形成一套完整的技术路径与

BIM 技术应用效果评价体系。

第五，要重视数据在试点项目后期的应用，进行数据对比分析。在项目数据信息上，试点项目在 BIM 应用完成后，不能以形成数据文件为终点，要及时进行项目数据分析，并形成该项目 BIM 应用的数据分析成果，进而体现 BIM 技术在项目中的具体应用价值。通过 BIM 技术的应用，形成企业数据应用流程、标准及框架体系，完成企业数据库的建立，并使企业数据库为项目提供技术和管理支撑。虽然由项目级数据库的建立到企业级数据库的建立还有很长的路要走，但是我相信，数据库的建立是企业彻底应用 BIM 技术的必要环节，项目数据的应用是影响未来施工企业市场竞争力的重要因素之一。

第六，要注重 BIM 的应用成果验收。目前，对 BIM 的成果进行验收时，尤其是在对 BIM 示范工程的成果进行验收时，验收人员大多是行业内 BIM 技术标准或 BIM 框架体系制定的先行者。实际上，验收人员的选择应该向有经验的一线 BIM 技术管理人员倾斜。因为一线的 BIM 技术管理人员有更多切身的项目体验，能够对具体的 BIM 实施过程和 BIM 实施效果作出客观的评价，同时，充分考量 BIM 技术应用的落地性。

结合北京城建集团的实践经验，从工具选择和人才培养两方面为施工企业提出建议

在工具选择方面，我建议使用现阶段的主流 BIM 产品。以城建集团为例，在投标阶段，主要选择 SketchUp 软件或 Revit 的部分插件来快速创建模型；在效果展示时，一般会选择 3D Max 作精细展示，或者选择 Fuzor 或 Lumion 作快速渲染漫游；在施工过程管理应用中，主要使用 BIM5D 进行施工现场的管理，并可以进行精准的数据核算与分析。总之，对软件的选择主要取决于项目类型以及 BIM 模型和项目 BIM 应用的需求，需要具体问题具体分析。

在人才培养方面，我建议：第一，要从专业的工程师中选拔 BIM 工程师，保证企业 BIM 工程师的专业性。第二，要基于具体项目，从基础操作开始进行 BIM 技术培训。第三，人才培训需要一个长期可持续的过程，对相关人员进行长期的培训跟踪与定期考核非常重要。项目人员在 BIM 培训后要取得国家 BIM 等级资格证书，避免由于时间过长而产生遗忘、效率降低、企业 BIM 人才不规范等问题。此外，在人才培养的过程中，首先，要选择较为简单的工作示例作为培训的基础，由浅入深，循序渐进。其次，要多交流，有互动，教学相长。在培训教材上，要与项目实践相结合，避免从软件功能操作出发，导致难以解决项目实际问题的现象出现。

下面以城建集团实践经验为例，在 BIM 中心人才培养方面提出建议。虽然集团早期从专业工程师中选拔了部分人员进行 BIM 建模培训，在培训后立即回到项目上进行大规模的建模工作，但是由于项目人员本身对 BIM 技术的掌握主要停留在模型创建上，应用过程中，很多实际问题无法得到有效解决。由于企业处于 BIM 应用初期，项目管理人员及集团管理层对 BIM 的技术应用也不是很了解，对软件的操作不熟悉，在早期培训的项目人员无法解决实际问题时，无法分辨其问题根源，或可能将原因归咎于软件的局限性上，即便是问题本身可解决，也会被各种方式掩盖。究其原因，主要是因为缺乏科学、全面的 BIM 技能培训体系及方法，没有与专业培训机构合作进行，且缺乏后期的培训跟踪与考核。

因此，BIM 培训的早期一定要基础化、规范化，中期要持久化，不断地验证所学内容，后期要进行持续的跟踪和考核，促进项目将 BIM 技术真正应用落地。在培训过程中，当企业依靠自身无法达成以上路径的时候，可以选择专业的 BIM 咨询单位与培训机构，只有这样，才能淬炼出优秀的专业 BIM 人才。

BIM 应用现状专家观点——赵一中

赵一中介绍

土木在线行见 BIM 网创始成员，现任北京中唐协同科技有限公司总经理。作为 BIM 实战应用咨询顾问专家，组织了超过 300 万 m² 以上 BIM 项目的落地实施，为近 50 家建设单位、设计和施工企业提供了 BIM 实施战略讲座和企业内训。赵一中先生致力于推动中国工程建设行业企业 BIM 知识体系建立、能力建设、BIM 与建筑信息化相结合，参与推动和构建中国 BIM 生态圈的完善和产业链发展。以下是赵一中先生对 BIM 应用现状的观点解读。

写在前面

作为在建筑行业拥有 14 年历史的行业媒体"土木在线"，我伴随着中国市场经历了 BIM 技术推广与发展的全部历程。在此，我很荣幸有机会在本书中，站在媒体的角度，作为 BIM 发展的见证者之一来浅谈 BIM 的发展。更重要的是表述一下我作为媒体人对促进行业发展的责任和对推动技术广泛应用、引导企业收益的意愿、观点和方法，希望借此与众多企业沟通，也欢迎不吝批评。

2005 年土木在线上第一次开始出现对"BIM 在建筑生命周期管理中的应用"的相关介绍，作为业界知名的垂直门户网站，我们一直对 BIM 技术保持着关注。目前，土木在线对 BIM 技术的推广，主要采取的形式是提供知识平台，让众多的 BIM 培训讲师在平台上以灵活的方式宣传自己的课程。

建筑媒体眼中的 BIM 发展

从 2014 年下半年开始，在整个建筑业企业进入大面积的合同额、收款额大幅度"双降"的背景下，BIM 技术反倒明显进入了一个快速发展的时期。记得当时有很多设计院鼓励员工"上班学 BIM，下班干滴滴"，以既提高收入伴随企业渡过困难，又能够让员工学到新技术，避免员工流失的同时，为下一步的发展打下技术的基础。虽然一时传为笑谈，但当时却是确有其事的。无论如何，从 2014 年夏以后，中国的 BIM 发展进入了"每个季度都有新的认知出现"这样的阶段。而相比之下，2012～2013 年的两年，BIM 的推广一直处于"口号响亮、推而不动"的状况，市场的主要现象就是协会、学会和软件厂家努力宣传，"为大家洗头"。但是应用成果少、技术不能落地、推广效果不佳，甚至很多企业了解了 BIM 其中的一个主要特性就是"协同"之后，反而放弃了 BIM 的实施，转回努力先做好 2D 协同，要"等别人弄明白 BIM 的是怎么回事"再跟着走，更是有很多企业认为上 BIM 就是买软件，是换个笔做设计而已。

2014 年 BIM 发展的加速，最主要的因素是中国 BIM 领先的企业经过多年的投入后，开始出现一些项目部能够用 BIM 出图、准确出量、降低成本了。虽然应用尚不完整，但是本着务实的精神，将"BIM 流程"与传统业务接轨，从而实现了真正意义上的"BIM落地"。而正是这些企业的务实和坚持，使中国的 BIM 从"失望的低谷"开始进入上行通道和"产能提升"的时代。在这里，让我们感谢那些多年投入、总结经验的领先企业，没有他们的坚持，BIM 技术还要再推迟很多年才能进入上行通道曲线。

同时，也让我们一起回忆 2014 年一些对中国 BIM 发展有重要影响的事件。2014 年住建部再次发布推进建筑业发展和改革的若干意见；新加坡的 BCA 正式规定了强制提交结构和机电的 BIM 模型，使得众多软件厂商都惊叹新加坡成了"亚洲 BIM 发展的香格里拉"；同年 10 月 29 日，上海市签发的 BIM 应用指导意见中明确提出"2017 年起，本市投资额 1 亿元以上或单体建筑面积 2 万 m^2 以上的政府投资工程、大型公共建筑、市重大工程，申报绿色建筑、市级和国家级优秀勘察设计、施工等奖项的工程，实现设计、施工阶段 BIM 技术应用"，使上海成为国内第一个给出明确 BIM 应用要求时间节点的城市。

继 2014 年之后，2015 年的 6 月 16 日，中国市场迎来了真正推动 BIM 发展的关键节点，住建部发布了《关于印发推进建筑信息模型应用指导意见》，其中明确规定了"到2020 年年末，以下新立项项目勘察设计、施工、运营维护中，集成应用 BIM 的项目比率达到 90％：以国有资金投资为主的大中型建筑；申报绿色建筑的公共建筑和绿色生态示范小区"。该指导意见是中国 BIM 发展的分水岭，从此以后各地方政府纷纷出台各自相对应的 BIM 时间表，企业的 BIM 实施也进入了大规模的项目实践阶段。而且，与早期 BIM应用多由设计单位来探索不同的是，在此而后中国的施工企业越来越多地成为中国 BIM技术实践和应用的主战场。

从媒体后台和调研中看到的 BIM 现象

土木在线从 1700 万注册用户的访问页面、搜索关键词等数据中，可以比较客观地显示中国建筑业的发展趋势，甚至能够提供比较定量的分析数字。从 2015 年 BIM 市场再次加速发展开始，BIM 迅速成为土木在线网站上的"热词"。从媒体数据和内容来看，施工单位与其他企业单位相比，通过利用 BIM 技术可以带来更显著的价值。因此，施工单位应用 BIM 技术的动力最大，讨论的内容也最有深度。内容涵盖 BIM 技术对施工企业的许多应用方面，主要可总结为以下四类。

第一，投标阶段：商务标的清单对比、不平衡报价、标前成本核算等；技术标的临建布置、施工模拟、技术模拟、施工组织等。第二，施工准备阶段：现场布置、场地模拟、土方应用等。第三，施工阶段：图纸会审、模型检查、成本管理等。第四，运维阶段：能源管理、保修管理等。

从媒体的角度看，由于 BIM 是一项新兴的技术，广大企业现在尚未找到被广泛认可、成体系的应用以供借鉴，所以众多施工单位的 BIM 应用差异性大，处于 BIM 技术应用的阶段也不同，对 BIM 的认知也有不同的侧重。同时，由于执行团队的不同，追求的收益目标也就不同。在积极探索并引入第三方咨询的过程中形成了不同的见解和经验。对于具体 BIM 应用的项目来说，一题多解的情况经常出现，少有统一可复制的经验成果。作为媒体，我们非常希望看到在行业内有值得推广的经验成果，供大家参考、学习、研究，不断挖掘 BIM 技术的真正价值。

为使施工企业 BIM 技术应用长足、顺利地深入发展，有目的地进行 BIM 在施工企业应用的市场调研是非常重要的，只有经过调研，才能更好地向市场提供公正和较为准确的市场数据，供 BIM 推广、BIM 相关解决方案开发、BIM 应用企业知悉并参考。因此，再次感谢发起方发起的本次调研，调研从行业高度出发，客观、有效地了解了行业项目的管理问题以及 BIM 的应用现状，探求如何通过 BIM 技术提升项目管理水平的方法。同时，总结了行业 BIM 先进和优秀的应用，坚定了建筑施工企业 BIM 应用的信心，为建筑施工行业 BIM 在项目管理中的应用开拓了思路。

关于三字经"要收益"的探讨

可能有的读者会问"每个企业都是追求利润和收益的，上 BIM 当然也要围绕这个目标，这个有什么好谈的"。但是真的是每个企业上 BIM 的时候，都是以"要收益"来指导具体工作的么？要用什么方法把"要收益"和企业的 BIM 实践的具体工作相连接呢？

我们参与过众多的施工企业交流、访谈、讲座和培训，在此就讨论几个常见的企业问题，以说明"要收益"真的不是中国市场推广 BIM 的"主流文化"，当然，也是尝试在此探讨一下"要收益"的方法。

典型问题一："我们是不是应该报个班，先学建模呢？学了建模去考哪个证书呢？"

我们的回答是：学习建模、争取考更多的证书都是对的，不过盲目地学建模是低效的，只考到证书对企业的收益不大。正确的思想方法是"以收益目标来引导建模规范的建立，以合乎规范的模型来支撑企业得到收益"。

把这个概念拆开，可以分为几点，没有应用指导方向、没有合理的编码方式、没有针对性规划原则的模型，是不能被后续"出图出量、指导施工"等应用方式来消费的，当然也就不能以比如"快速对量"来加快计量工作，也不能以"做好梁柱扣减关系、准确出量"来指导算量、管控成本，也不能在"构件级别上打码，做质量控制"以管控劳务队、提高工程质量，也不能"分专业过滤、三维交底"加快协调进度等。所以说，以"要收益"为原则，做好项目的 BIM 应用策划，并根据策划中的应用点来决定"建哪些模型、符合什么规范"，然后再着手建立模型，才能得到策划中应有的收益。说到这里，再回到学习建模的阶段，在学习建模的问题上，应该是"学习基本操作、列出目标应用点、建立建模规范、学习系列软件、学习面向应用点符合规范的操作技巧"，是"五位一体"的，这样才是高效的操作学习，单纯的长达 1～2 个月的基础操作学习和反复练习，能够打下"快手基础"，但对企业来说并不是最高效的，也不是面向收益的。

典型问题二："我们学习了建模，也能做管综了，BIM 还能干什么？"

问这个问题的企业，肯定已经进行了一段时间的 BIM 投入，也可能已经完成了第一个试点项目，而且 BIM 中心的小伙伴们也度过了很多个通宵的夜晚。在此，对这些可敬的 BIMer 表示感谢，正是他们的付出，推动了产业的发展，也预祝他们在未来的 BIM 道路上都能"修成正果"。但不得不说，这些投入是有些盲目的，没有作面向"要收益"的结果导向计划。每一个企业在上 BIM 开始的时候，应该要明确企业从 BIM 技术上要的"收益"是什么，下面也举几个例子来说明。比如"在招标投标工作中，提高中标率、提升项目利润"等，建立 BIM 团队并进行试点，积累参数化构件、企业模型库，开发自有小插件提高建模效率。在招标投标过程中"迅速建立投标模型"，做好投标不平衡报价等应用，提高对成本和计划可控性的把握，提高企业在技术评分中的得分。做好这些工作，BIM 在一个阶段内就将成为施工企业招标投标工作中的"开罐神器"。再比如"做好钢筋管理"，很多 BIMer 都认为做钢筋是比较"抠手的"，不过，也是可以"赚钱的"。以某项目为例，通过 1600 个钢筋节点的深化，每处节省费用 350 元，总计增收 56 万元，并向甲方申请措施筋深化费用 13 万元。类似于上述的 BIM 应用点还有很多，但是企业要正确的引导。

典型问题三："BIM 是技术、信息、质量部门的事情，其他部门不需要参与吧？"

BIM 是与企业的每个中高层管理岗位都紧密相关的，BIM 带来的是"在 BIM 环境下新的过程管理和技术能力"，更是一个"一把手"工程。比如，一个地方上的"小龙头"施工企业集团，对当地的住宅建设市场占有率很高，当企业积累了一些当地常见的住宅项目的模型、资源库等资料，并与本企业的商务和供应管理结合的时候，企业在招标投标、施工计划、成本管理、构件生产方面都会获得比较大的成本、效率、质量优势，使企业进一步巩固自己在本地的地位，与从区域外来的施工企业竞争起来更加得心应手。

明确了企业"上 BIM"的收益目标，并制订了相应的策略后，对于企业的 BIM 实施过程本身来说，可以有几个明确。

企业的高层和"一把手"能够明确，"上 BIM"也是与他们紧密相关的。当企业具有较强的 BIM 能力的时候，BIM 对企业未来的战略发展具有强大的推动作用。当面向"上BIM"所要作的投入，尤其是建立构件库、构件库管理、三维放样等需要较大投入的时候，企业会更舍得投入，当然也能借此获得更多的收益。当企业的 BIM 团队需要选择"有经验、跨专业"的优秀人才时，能够得到各级管理层的支持。当然，最重要的还是企业只有明确了收益目标，经过专业的培训和学习，积累了一套办法和资源，才能够获得应有的收益。

通过上面的举例和分析，我们初步阐述了企业如何用"要收益"来引导 BIM 应用的梳理，进而如何建立合乎企业需要的模型流程和规范，也就完成了企业"要收益"和建模技术能力的关系。

建筑媒体的真心话

现在，土木在线已经逐步在平台上推出那些以"要收益"为主题，提供 BIM 管理应用的知识信息。我们也会投入更大的关注引导企业以此"三字真经"来更顺利、更快捷地从 BIM 技术的应用中获得收益。BIM 技术本身要在推广和应用中发展，BIM 技术的发展也绝不只是技术的发展，而必须是"管理与技术双驱动"的，必须是服务于企业经营的，只有实现了 BIM 的管理应用，才能更好地创造效益。在效益的驱动下，BIM 技术才能真正在更广泛的中国施工企业中落地生根。

我们不知道能不能为中国的 BIM 生态圈作出一些贡献，但是我们愿意进行不断的实践和探索，尽到作为 BIM 生态圈成员之一所应尽的责任。

BIM 应用现状专家观点——甘嘉恒团队

甘嘉恒介绍

美国斯坦福大学综合设施工程中心项目总监及兼职教授，主要负责与 CIFE 业界会员及研究人员合作，在管理计分方法学、建筑信息模型、虚拟设计与建造和可持续发展领域推动策略性创新方案与技术。他曾是美国建筑师学会（AIA）学科委员会综合实践中心（AIA-CIP）联合主席，及该学会建筑实践技术（AIA-TAP）国家学科组织主席。

甘博士曾带领团队在 2013 年与亚太经合组织（APEC）合作，撰写《建筑信息模型启动指南》，2015 年撰写《支持绿色建筑目标的绩效指标和 BIM 应用指南》。2014 年，甘嘉恒博士在北京参加了由 APEC 和东盟联合举办的"利用 BIM 提升建筑性能"主题论坛，并给予题为"BIM 衡量标准"的演讲，与团队代表共同组织了论坛的集体讨论。以下是甘嘉恒博士及其团队对 BIM 应用现状的观点解读。

背景简介及摘要

甘嘉恒博士及其国际 BIM 专业顾问团队很荣幸受到主办方邀请，解读本次中国建设行业施工 BIM 应用情况的调研结果。

BIM（建筑信息模型）的概念在中国建筑、工程与施工行业中已不再陌生。约 20 年前，中国建筑科学研究院已对其展开研究、学习。自 2007 年 BIM 在科技部发布的"十一五"规划的政策文件《重点建设信息技术研究与应用》中被列为重点研究对象后至今，住建部及各省、市政府也已在中国的不同地区发表了诸多 BIM 的推动政策、标准、行动计划和指导意见。纵观全球，北欧、美国、英国等发达国家和地区率先展开了对 BIM 的探索，现已走在世界前列。例如，"部件建模"的概念早在 20 世纪 70 年代就已出现。甘博士所在的美国斯坦福大学综合设施工程中心（以下简称 CIFE）作为虚拟设计及建造（以下简称 VDC）的全球顶尖研究机构，在 30 年前已将 BIM 纳入研发范畴，随后逐渐展开对 4D 建模的研究和 BIM 在项目上的应用。

本次调研受访者众多，达到 1287 位，其中约 63% 来自总包企业，且绝大多数为特级和一级企业。基于该数据，我们相信本次调研可以较为全面、客观地展现目前国内建筑行业施工的 BIM 应用情况。我们可以从调研中看到许多令人鼓舞的结果，如：受访企业对 BIM 应用的日益关注和重视；公司层、项目层 BIM 组织的建立；BIM 应用计划的编制和 BIM 技术的实际应用；对未来 BIM 在精细化管理及新兴技术平台的整合上抱有充分的信心等。同时，我们也看到，与发达国家相比国内的 BIM 发展仍有较多的提升空间，如：BIM 在实际项目上的应用程度仍不够成熟；BIM 组织的建立尚不够广泛；对国际普遍重视的 BIM 应用（如基于 BIM 的预制）缺乏关注等。团队也相应地提出了优化建议，如企业应将目光放长远，预测 BIM 的投资回报；通过实践加速 BIM 于项目应用的进程；改善团队内部、外部沟通效率和组织建立；提高对国际主流的 BIM 先进应用的关注和探索等。

甘博士团队曾多次参与 Dodge Data & Analytics（前身为 McGraw-Hill Construction）的全球 BIM 市场调研报告撰写。在本次调研结果的解读中，团队将根据其参与撰写的 2014 *McGraw Hill Smart Market Report* 中 15 个国家、地区在 BIM 成熟度上的评估数据介绍全球最佳实践，并回顾 2015 年发布的《中国 BIM 应用价值研究报告》（以下简称《价值报告》，团队以研究合作伙伴身份参与了数据收集和调研结果分析工作）中的同类型问题和受访者的反馈进行比较分析，并结合八年来参与的中国企业、项目咨询和逾十年的海外企业、项目评估，报告撰写和调研数据分析的经验，通过团队首创并于 2009 年投入应用的评估框架的计划领域、应用领域、技术领域、绩效领域逐一展开。

调研结果分析解读

1. 计划领域

计划是确保项目进程和品质的重要前提。此领域包含三个方面：BIM 实施的具体目标；标准文件的制定和使用；以及在具体项目管理实践上的准备。

【基于团队经验的全球最佳实践概述和经验分享】

新加坡在该领域的表现领先于其他国家和经济体系。这主要是由于其政府推出了 Architectural BIM e-Submissions 计划，成为全球最强劲的 BIM 指令之一。该指令包含了与 BIM 相关的明确目标、国家制定的标准和便利措施，并提供充裕的资金支持确保业界可及时展开 BIM 的培训工作。2011 年，新加坡建设局（BCA）发布 BIM 发展规划，明确要求整个建筑业在 2015 年前广泛使用 BIM 技术，亦要求 2015 年前所有建筑面积大于 5000 m^2 的项目提交 BIM 模型。为鼓励早期的 BIM 应用者，BCA 于 2010 年成立了 600 万元新币的 BIM 基金项目以补贴培训、软件、硬件及人工成本，此后更是累计投入超过几亿元新币（逾十亿元人民币），考虑到新加坡的国家规模，这已是相当可观的数字。甘博士本人也于 2009 年起被 BCA 委任为国际专家，为其提供指导、建议。

从近期发布的 BIM 行动计划、标准指南中不难看出，中国的各级政府在不同地区亦在逐渐加强对 BIM 的推动。在本次调研中，六成企业认为政府应是 BIM 的主要推动力，占据最大比例。我们相信，在政府日益增强的关注、重视下，中国企业的 BIM 在计划领域的表现将稳步提升。

【部分调研问题解读】

就目标而言，我们首先以第 17 题"贵单位现阶段 BIM 应用的重点是什么？"为例。最多的参与者（约 32%）选择"让更多项目业务人员主动运用 BIM 技术"；28% 的参与者选择"应用 BIM 解决项目实际问题"；仅有 6% 的参与者选择"应用 BIM 为项目节省资金"。第 20 题"贵单位采用 BIM 技术最希望得到的应用价值？"中，最多的参与者（约占 55%）选择"提升企业品牌形象，打造企业核心竞争力"；42% 的参与者选择"提高施工组织合理性，减少施工现场突发变化"；36% 的参与者选择"提高预算准确率，控制建造成本"。结合此前提及的《价值报告》中"关于 BIM 应用的最重要因素"一问，当时被受访施工单位列为前五名的答案为：

（1）提升质量/准确度

（2）效率/便利性

（3）项目管理/系统整合

（4）提高 BIM 的熟悉程度/应用率

（5）成本/利润

由此可见：

• 提高岗位应用率是现阶段大部分企业的主要愿望。这也和其他调研问题中反映出的对 BIM 人才的强烈需求相吻合，间接体现出国内对 BIM 技术落地应用的日益关注和重视。

• "准确性"、"施工管理"等仍为业界关注的重点，选择人数占比均超过三成，结合行业管理调研中行业精细化管理水平不高的现状，也反映出希望通过 BIM 技术提升精细化管理水平的潜在需求。

• 相较 2015 年，参与本次调研的大部分企业未将提高利润作为现阶段 BIM 应用的目标，这种现状的出现反映出国内目前在项目上的 BIM 实际应用率与发达国家、地区相比仍较低，因此缺乏数据证明 BIM 应用能帮助项目最终节约费用；同时，对于 BIM 应用刚起步的企业，BIM 培训、购买 BIM 软件等一系列从无到有的转变也是不少的投资。在 2014 *McGraw-Hill Smart Market Report* 中，受访的十国施工企业中有四分之三提出 BIM 的应用带来了积极的投资回报，其中多数企业统计的投资回报率为 10%～25%。该数据也告诉我们，虽然起始的开支是重要的考量因素，但就长远来看，考量 BIM 可为企业和项目带来的回报更为关键。

就标准而言，本次调研中的一个相关问题为第 16 题"贵单位 BIM 技术应用规划的制定情况是什么？"该题超过 45% 的参与者选择"正在规划中，具体内容还没出来"，占据最大比重；约 28% 的参与者选择"已经清晰地规划出了近两年或更远的 BIM 应用目标"。由此看来，近三成受访企业已开始 BIM 应用计划的编制，这个结果令人鼓舞；但另一方面，我们也看到近五成的受访企业在 BIM 计划编制上仍在研究阶段。要确保顺利、高效地利用 BIM 辅助项目施工，一份完整、清晰的 BIM 执行计划是必要的。我们的团队也曾为中国项目的 BIM 执行计划提供详尽的反馈和改进建议。甘博士亦为诸多国际政府机构撰写过 BIM 应用指南和执行计划，包括为亚太经济合作组织（APEC）撰写《建筑信息模型启动指南》，协助超过 20 个亚太经合组织成员国的 BIM 规划。BIM 执行计划在美国等发达国家、地区的项目中已趋于普遍；国内企业也应逐步学习国际领先的实践方法，重视 BIM 执行计划建立的进程。

2.应用领域

在应用领域，应明确企业的组织和流程如何与 BIM 的实施相融合。

【基于团队经验的全球最佳实践概述和经验分享】

美国在该领域领先别国，在 2012 年时就已有超过 70% 的受访企业开始应用 BIM。在美国，渐进式的全国 BIM 计划和行业组织透过创新的合同共享的风险和回报、BIM 指导方针和标准来推动 BIM 进程。2009 年，甘博士所在的美国斯坦福大学综合设施工程中心（CIFE）建立了 VDC 培训课程，以详尽的理论介绍、实际案例分享、现场互动及演示等方法指导来自建筑工程建造行业的高层管理人员、中层领导和执行人员如何将 VDC 理念融入企业机构和流程。迄今为止，已有超过几百名来自亚洲、北美、南美、欧洲的学员接受培训并取得证书。BIM 作为核心技术工具，是 VDC 的重要元素之一。

【部分调研问题解读】

第 9 题"贵单位开始应用 BIM 技术多久了？"中，35.2％的参与者表示"在研究阶段，还没在项目上应用过"，占据最大比重；其次为"已应用 1～2 年"，比重为约 20％；约 17％的参与者选择"应用不到 1 年"和"已应用 3～5 年"。而在《价值报告》的调研中，小型施工企业中 85％的企业表示已应用 BIM 3～5 年，占据绝大多数比重；大型施工企业中 49％的企业表示已应用 BIM 3～5 年，约 30％的企业使用超过 5 年。将两次的调研结果比较后，我们发现应用 BIM 技术的施工企业比重似乎有所减少；应用 BIM 技术的施工企业中，应用 3～5 年的企业比重总体看来也有所减少。

出现这种看似不合理的结果，我们认为可能是由于两次调研的受访群体的差异所造成。在《价值报告》的调研中，绝大部分受访施工企业已是 BIM 用户，且受访施工企业数量较少。因本次调研企业类型覆盖面广，受访者数量多，因此收集到的数据也有较高的参考价值。从国际上看，2014 *McGraw Hill Smart Market Report* 中受访的美国和加拿大施工企业中 50％已有 3～5 年的 BIM 经验，有 6～10 年经验的也近三成。中国施工企业应加快进程，由研究逐步过渡到实际项目应用当中并积累 BIM 在项目中的使用经验。

第 11 题"贵单位的 BIM 组织机构如何？"，约 40％的参与者选择"未建立 BIM 组织"，占最大比例；约 23％的参与者选择"已建立公司层 BIM 组织"，选择"已建立项目层 BIM 组织"的人数共占 32％。由此结果来看，较多的企业在 BIM 的应用上未进行系统的组织安排。结合第 9 题结果，较多的受访企业仍将 BIM 的应用作为一项研究课题，仅三成参与者所在企业建立了项目层的 BIM 组织。从 BIM 应用上全球领先国家的实践来看，鼓励 BIM 的使用也是 BIM 发展的重要策略之一。根据团队的项目评估经验，BIM 成熟度相对高，项目绩效表现较好的企业，往往具有完备的组织机构划分。各项目参与团队在项目初期就已明晰 BIM 实施计划，明确项目的 BIM 目标及自身在项目进程中的具体职责。国内施工企业如要通过 BIM 提升企业品牌形象、优化施工管理和项目品质，需要逐步建立起公司层、项目层的 BIM 组织，明确职责，从而高效、顺利地展开施工进程。同时，在与中国项目的合作中我们发现，即便企业本身和项目已建立 BIM 团队，若业主缺乏积极性、团队间沟通不畅或业主不断变更设计方案，仍会直接导致施工进程放缓。因此，企业不单应关注内部的 BIM 组织管理，也应同样关注与业主或其他团队的沟通和流程的整合。

3. 技术领域

在技术领域，应明确企业或具体施工项目在 BIM 技术应用上的成熟度、覆盖面和各应用的数据交互及整合程度。

【基于团队经验的全球最佳实践概述和经验分享】

北欧国家在该领域表现得最为突出。挪威和芬兰的项目团队广泛利用 BIM，并得到国家在研发方面的充分支持，采用开放准则，从而先于其他国家发展出 BIM 审核、BIM 服务器及项目要求的管理技术工具等。早在 2002 年，甘嘉恒博士就与 CIFE 总负责人 Martin Fischer 教授合作撰写 *Product Model 4D Report*。报告选取了芬兰赫尔辛基工业大学的礼堂项目为案例，对其技术工具（如：部件导向的产品建模，4D 建模，沉浸式虚拟现实等）的使用和国际开放标准（如 IFC）进行了深入的评估和分析。芬兰的知名公共业主、承包商和 MEP 咨询公司也对该报告作出了重要贡献。

2014 年，住建部提出"BIM 等信息技术在工程设计、施工和运行维护全过程的应用，提高综合效益，推广建筑工程减隔震技术，探索开展白图代替蓝图、数字化审图等工作"；2015 年的《国家中长期科学和技术发展规划纲要》提出，中国到 2020 年成为创新型国家，到 2050 年成为科技强国。各类政策的出台也可表明，中国政府正在鼓励 BIM 技术的应用和普及。2012 年，甘博士的 BIM 咨询团队曾与国内开发商合作，为其提供合同项目建筑、结构、水、暖、电、室内精装修的建模和管线综合等 BIM 咨询服务。

【部分调研问题解读】

在第 15 题"贵单位开展过以下哪些 BIM 应用？"中，约 48% 的参与者选择"基于 BIM 的碰撞检查"，占据最大比重；其次，约 42% 的参与者选择"基于 BIM 的投标方案模拟"和"基于 BIM 的专项施工方案模拟"；约 38% 的参与者选择"基于 BIM 的机电深化设计"和"基于 BIM 的工程量计算"；而选择"基于 BIM 的预制加工"的参与者仅占总人数的 13% 左右，占据最小比重。另外，选择"其他"的参与者占总人数的约 20%。

团队根据自身建立的评估框架将技术领域的 BIM 技术应用成熟度的评估分为五个层级：

（1）可视化；（2）文件归档；（3）基于模型的分析；（4）集成分析；（5）模型自动化和优化。这五个层级代表了技术应用成熟度的不同表现：从使用 BIM 辅助简单的渲染、4D 动画，到借助 BIM 软件进行自动代码检查，或实现基于项目目标的设计方案优化。根据该分级概念，"基于 BIM 的碰撞检查"属第三层级；而"基于 BIM 的投标方案模拟"和"基于 BIM 的专项施工方案模拟"则需根据业主使用的具体模拟方法来归类，第一到第五层级均有可能，大多数情况下属第一或第二层级；"基于 BIM 的机电深化设计"和"基于 BIM 的工程量计算"属第三层级；"基于 BIM 的预制加工"属第五层级。由以上可见：

- 绝大多数企业已正式开展 BIM 技术应用；
- 受访企业中，最为普遍的 BIM 应用已超越最基础的阶段，达到中等层级；
- 相对较少数量企业的 BIM 技术操作达到中等成熟水平；
- 极少数量企业的 BIM 技术操作达到成熟水平。

在 2014 *McGraw-Hill Smart Market Report* 中，全球十国的施工企业将"基于模型的预制"列为工作中第二频繁的 BIM 活动。而在《价值报告》中，受访的中国施工企业大都未将"提高预制比例"视为 BIM 投资回报率的促进因素（在九个因素中并列排在倒数第二位），这个结果也与本次调研结果的趋势相一致。"工业化建造"在国内也已日趋流行，中国的施工企业应积极学习、借鉴发达国家、地区的做法，逐步建立起对"基于 BIM 的预制加工"等主流 BIM 应用点的关注和实践。

第 25 题"您认为 BIM 的发展趋势有哪些？"中，受访企业对 BIM 未来发展趋势进行了展望。74.5% 的参与者选择了"与项目管理信息系统的集成应用，实现项目精细化管理"，占据最大比重。由此可见：

- 精细化管理是施工企业的重要期待目标之一；
- 施工企业对使用 BIM 可帮助精细化管理抱有很大的信心（这一点也可以从第 24 题超过五成参与者认为"BIM 技术对项目精细化管理的帮助很大"这一结论得到佐证）。

4.绩效领域

绩效领域评估项目或企业目标的实现和成熟度，技术应用的成效，以及 BIM 实施的满意度。在评估这些指标时，甘博士团队会挖掘可改进空间，并建立持续改进的基准。

【基于团队经验的全球最佳实践概述和经验分享】

即使在美国，大多数机构亦不会为 BIM 订立量化及绩效为本的目标，而指标也不是经常或持续地与目标进行比较。同时，缺乏明确的 BIM 目标可能会导致白费努力，例如过分详细的模型，或收集对设施管理没用的数据等。

我们的团队曾与新加坡政府合作，协助其使用 BIM 进行资产和设备管理。合作期间，团队持续追踪绩效指标，并为其进行量化记录，以确保项目进程始终围绕目标进行。此前提及的 CIFE VDC 培训课程中，团队也指导、鼓励学员尽可能挖掘量化的绩效指标并进行长期跟踪，以客观数据评估项目的绩效表现。

在参与的中国项目中，我们引入关键绩效指标（KPI）概念，结合客户目标，指导其如何更好地预测问题以避免后续的风险和问题，以及更明确地跟踪及评估企业和项目的管理表现；结合团队建立的 BIM 应用目标类别，协助客户建立 BIM 投资回报测算表对项目进程中的具体事项进行记录，并探讨如何尽可能多地建立量化指标以更客观、准确地评估项目的 BIM 效益；根据 BIM 应用的目标类别阐述 BIM 应用绩效与应用目标的对应和量化方法，说明在工程实施期间以及总结时，可用的 BIM 应用绩效过程跟踪、分析方法及评定指标，并以多个国际真实工程案例说明绩效的过程评价方法，说明如何评估项目的 BIM 应用质量和效果，以及如何通过评估结果改进 BIM 的应用。

【部分调研问题解读】

以第 13 题"您对于贵单位现阶段开展的 BIM 工作方式是否满意?"为例，41.5％的参与者选择"一般"；其次，27.3％的参与者选择"比较满意"；而选择"非常满意"的占最小比重，为 9.6％。再看第 19 题"您如何评价单位 BIM 应用的推进效率?"，39％的参与者认为"基本满意，推进速度比我预期的慢，但客观上可以接受"；选择"比较失望，推进速度比我预期的要慢得多"和"还没开始用，无从评价"的人数占比相近，均约 20％；选择"非常满意，BIM 应用按照节奏稳步推进"的为 12.1％。由此看来：

- 对企业 BIM 工作方式及推进效率非常满意的人数虽占少数，但仍占有 10％和 12％的比重。
- 相比而言，最多的参与者认为 BIM 的实施和绩效表现达到其基本预期，但仍需提高。

结合《价值报告》中的"BIM 应用价值体验"一问，最多的受访企业（59％）认为获得了 BIM 创造的大量价值，但相信可有更多收获；其次，33％的受访施工企业认为仅体验到一小部分 BIM 创造的价值。可见，大多数受访者认为他们从 BIM 获得了切实效益，这个结果令人鼓舞。考虑到该《价值报告》的调研对象绝大多数为已在使用 BIM 的企业，因此其结果也有较高的可信度。中国企业应尽可能为 BIM 制定量化的绩效衡量指标，并定期与项目目标比较，对绩效指标进行持续跟踪、衡量，确保项目始终遵循目标，避免不必要的时间、人力、财力等资源的浪费。

参考资料

［1］ 中国 BIM 应用价值研究报告 ［J/OL］. Dodge Data & Analytics，2015. https：//damassets. autodesk. net/content/dam/autodesk/www/solutions/bim/business-value-of-bim-in-china-2015-smart-market-report-zh-cn. pdf.

［2］ McGraw-Hill Smart Market Report：The Business Value of BIM for Construction in Major Global Markets：How Contractors Around the World Are Driving Innovation with Building Information Modeling ［EB/OL］. McGraw-Hill Construction，2014. http：//www. academia. edu/11605146/The _ Business _ Value _ of _ BIM _ for _ Construction _ in _ Major _ Global _ Markets _ How _ Contractors _ Around _ the _ World _ Are _ Driving _ Innovation _ With _ Building _ Information _ Modeling.

［3］ Aedifice. 在香港建造业应用建筑资讯模型 ［J/OL］. The Journal of Hong Kong's Construction Industry，Construction Industry Council，2014：29-35. http：//www. cic. hk/cic _ data/pdf/about _ cic/publications/eng/A10 _ 5 _ e _ V00 _ 019052014. pdf.

［4］ https：//www. bca. gov. sg/Publications/BuildSmart/others/buildsmart _ 13issue18. pdf.

［5］ "Start-Up Guide，Building Information Modeling. " 2013. http：//publications. apec. org/publication-detail. php? pub _ id＝1510

［6］ "Guide to Performance Metrics and BIM to support Green Building Objectives". 2015. http：//publications. apec. org/publication-detail. php? pub _ id＝1632

［7］ Product Model & 4D CAD：Final Report. Technical Report. TR143. 2002. https：//cife. stanford. edu/node/325

编　后　记

　　《中国建设行业施工 BIM 应用分析报告（2017）》秉承客观公正、科学中立的原则和宗旨，充分调研了现阶段我国建设施工行业 BIM 应用现状、存在问题以及发展趋势，针对施工行业在 BIM 应用上面临的典型问题和主要困惑，我们走访了一批行业资深 BIM 研究专家、BIM 咨询顾问、BIM 专栏作家、施工企业及建设方的管理高层、施工总包的项目部管理层以及一线的 BIM 中心领导，结合实际应用案例，系统总结了施工企业管理和 BIM 技术的结合方式以及企业在不同阶段的 BIM 应用模式和推广方法，为建设施工行业推广 BIM 技术应用落地提供了理论和实践指导，对推动施工企业的精细化管理和信息化建设具有重要意义。

　　本书适合建设行业各级主管、监管人员，施工企业各级管理人员，BIM 中心工作人员，建设领域信息化的研究人员，工程项目其他相关参与单位的工程管理人员，以及所有对施工阶段 BIM 应用话题感兴趣的人阅读。

　　本报告的调研分为问卷调研、专家访谈和项目实地考察三种形式。上篇分析报告第 2 章的 BIM 应用现状——行业调查的所有分析和结论主要基于我们通过线上线下各渠道搜集的 1287 份调研问卷数据。下篇专家观点的内容则完全基于我们对 15 名专家的深度访谈，尽可能完整地呈现各个专家的观点。在两轮的调研过程中，我们在全国各地发现了一批应用 BIM 技术的优秀项目。在各地协会的支持下，我们深入项目现场进行实地考察，挖掘 BIM 应用的价值，并由中国土木工程学会总工程师工作委员会、中国建筑业协会工程建设质量管理分会、中国建筑业协会绿色建造与施工分会等共同发起，在不同地区针对不同类型的项目，开展了优秀 BIM 项目观摩基地评选活动，旨在建立更多能够让人观摩学习的模范基地，快速推广 BIM 应用落地。

　　感谢清华大学张建平教授、马智亮教授，中国建筑股份有限公司信息化管理部副总经理杨富春教授，万达集团副总裁兼 CIO 朱战备博士，湖南省建筑工程集团总公司副总经理陈浩，广联达科技股份有限公司副总裁广联达 BIM 业务负责人汪少山，中国建筑一局集团副总工程师杨晓毅，上海建工集团研究总院 BIM 研究所所长于晓明，巨匠建设集团有限公司副总裁企业技术中心总经理郑刚，广联达科技股份有限公司 BIM 技术研究院院长李卫军，西安建工第四建筑有限责任公司副总经理宁小社，陕西锐益建筑信息科技有限公司总经理王益，北京城建集团有限责任公司 BIM 中心副主任严巍，北京中唐协同科技有限公司总经理赵一中，美国斯坦福大学综合设施工程中心项目总监甘嘉恒教授等专家接受本书编委会的采访和交流，参与并指导完成专访观点的梳理工作。感谢大连万达集团股份有限公司、湖南省建筑工程集团总公司、北京城建集团有限责任公司、深国际前海置业（深圳）有限公司提供案例和相关资料。感谢甘嘉恒团队和数字 100 提供的技术支持和专业分析，感谢施工技术杂志、土木在线对调研的渠道支持。

全书统稿工作由广联达科技股份有限公司 BIM 技术研究院完成。在本书编写过程中，广联达科技股份有限公司承担了大量的调查研究、专家访谈、资料整理等工作，在此表示衷心感谢！中关村智慧建筑产业绿色发展联盟 BIM 专业委员会给予了特别的关注和支持，在此，一并感谢！

由于时间仓促，疏漏之处在所难免，恳请广大读者批评指正。

本书编委会